人生不可用来妥协

〔德〕尼采等 著

木木 译

中国水利水电出版社
www.waterpub.com.cn

·北京·

内容提要

本书收录了尼采、卢梭、黑格尔、蒙田、罗素等著名哲学家的学说和智慧，通过解读这些哲学家的箴言，帮助人们窥探生活的奥秘，并解答了如何面对人生的抉择、如何通过生活的考验、如何对待友情、如何面对爱情、如何维护声誉等问题，从而让生活不如意的人重拾信心和勇气，踏上属于自己的光明之路。

图书在版编目（CIP）数据

人生不可用来妥协 ／（德）尼采等著 ；木木译. --
北京 ： 中国水利水电出版社，2022.2
ISBN 978-7-5226-0469-5

Ⅰ．①人… Ⅱ．①尼… ②木… Ⅲ．①人生哲学一通
俗读物 Ⅳ．①B821-49

中国版本图书馆CIP数据核字（2022）第024591号

书　　名	人生不可用来妥协 RENSHENG BUKE YONGLAI TUOXIE
作　　者	〔德〕尼采等 著 木木 译
出版发行	中国水利水电出版社 （北京市海淀区玉渊潭南路1号D座　100038） 网址：www.waterpub.com.cn E-mail：sales@waterpub.com.cn 电话：（010）68367658（营销中心）
经　　售	北京科水图书销售中心（零售） 电话：（010）88383994、63202643、68545874 全国各地新华书店和相关出版物销售网点
排　　版	北京水利万物传媒有限公司
印　　刷	朗翔印刷（天津）有限公司
规　　格	160mm×230mm　16开本　16印张　186千字
版　　次	2022年2月第1版　2022年2月第1次印刷
定　　价	49.80元

目 录

CONTENTS

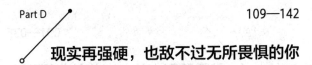
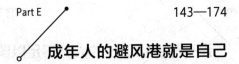

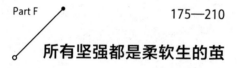
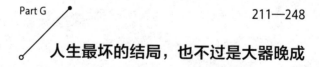

凡杀不死你的，必将使你更强大

承受是磨炼、凝聚、造就和孕育，它是越千山，渡苦海，达到黄金彼岸的先决条件，亦是在布满荆棘的人生旅途上，为我们保驾护航的坚实堡垒。

1 凡杀不死你的，必将使你更强大。

——（德国）尼采

每个人对人生都有不同的看法，有人认为它是丰富多彩的，有人认为它是跌宕起伏的……无论你有怎样的看法，有一点永远不会变：人生是成败得失的结合体，五味兼容的调味瓶，想要真正领悟人生，必须先读懂不幸、痛苦、挫折、失败，继而才能领略成功的喜悦。

其实挫折也好，苦难也罢，都是人生中不可避免的考验，有谁能不经历挫折、不经历苦难就为自己争得一片天地？不幸、挫折、失败、苦难是人生中不可或缺的角色，没有它们人生岂能活得精彩？

面对挫折，我们应该学会承受。因为不会承受就不会索取，不会承受就不会释放。承受是磨炼、凝聚、造就和孕育，它是越千山，渡苦海，达到黄金彼岸的先决条件，亦是在布满荆棘的人生旅途上，为我们保驾护航的坚实堡垒。

尼采（1844—1900）：德国著名哲学家，西方现代哲学的开创者，同时也是卓越的诗人和散文家。

2 愿意的，命运领着走；不愿意的，命运拖着走。

——（古罗马）塞涅卡

　　平凡的人听从命运，只有强者才是自己命运的主宰。我们一生中所遭遇的所有事情，都是人生对我们的考验，只有学会握住自己命运的缰绳，我们的人生才能由自己来做主。

　　我们都向往着不断攀登高峰，但是生活不会一帆风顺，我们很可能在满怀希望和信心去拼搏的时候，被突如其来的挫折打倒，为此痛苦悲伤。当无穷尽的黑暗袭来时，我们会感觉到无路可逃；当一次次努力后却无果时，我们会感觉到失望和困惑。但是，我们不得不告诉自己，命运把握在自己的手中，只要以积极的心态去面对生活的挑战和挫折，就能够创造出种种可能。

　　人就是这样，当你以一种豁达、乐观向上的心态去构筑未来时，眼前就会呈现出一片光明。反之，当人将思维囿于忧伤的樊笼里，未来就会变得黯淡无光。

　　其实，人与人之间并无太大的区别，真正的区别在于对待事情的态度。所以，一个人成功与否，主要取决于自己的态度。

塞涅卡（公元前 4—公元 65）：政治家、哲学家、悲剧作家、雄辩家，新斯多葛主义的代表。早年信奉毕达哥拉斯的神秘主义和东方的宗教崇拜，后皈依斯多葛派。

3 凡是自强不息者，最终都会成功。

——（德国）歌德

　　人生，是从一滴水到一条河的积累；人生，是从涓涓细流到磅礴飞流的奋斗。这期间，需要一种精神，那就是自强不息。

　　在生命的旅途中，我们常常会遭遇各种各样的挫折和失败，会无缘无故地身陷一些意料之外的困境里。这时，请不要轻易对自己说放弃。面对挫折和失败，只要我们自己心头坚定的信念不熄灭，只要我们努力地去寻找，相信一定能够找到让自己渡过难关的方法。只要有坚定的信念，就没有穿不过的风雨、涉不过的险途。

　　身处逆境，只要不绝望，始终保持自强不息的状态，总有一天会将逆境变成顺境。经历一些坎坷，经历一些磨难，才能为成功找到出路和方向。

　　生活给了我们快乐的同时，也给了我们伤痛的体验。其实这就是生活，这就是我们所要面对的人生。

　　好好活着，慢慢体会生活之路，一路艰难，一路风光。其实，在回头时，走过、路过、碰过、错过的都有可能是人生路上珍藏的财富。

　　人生当中没有过不去的坎儿。如果我们能够不在困难面前低头，勇往直前，那么我们终究会跨过去，走上宽敞的大道。

歌德（1749—1832）：德国小说家、剧作家、诗人、思想家、自然科学家、博物学家，是德国和欧洲最重要的作家之一。

4 只要有信心，人永远不会挫败。

——（古希腊）柏拉图

一个人的成功，取决于有坚定的自信心。自信犹如一盏起航灯，它会在茫茫无边的人生海洋中给你力量，也给你前行的动力。

也许你会失败，也许你正处于贫穷之中，但是，你要坚信自己神圣的权利，昂起头，勇敢地面对世界。遇到任何困难，都要勇往直前。

不管你的过去经历过多大的失败，它们都不能把你今天的信心抹杀。我们的人生就是一场不断和挫折做斗争的过程，自信是这场斗争最坚实的盾牌，也是最锋利的长矛，我们只有抓住这把武器，胜利的人生才属于我们。

只要你拥有自信，就能走到成功的终点。因为自信，春暖花开，芬芳扑鼻；因为自信，阳光灿烂，阴霾散去；因为自信，我们才拥有成功的机遇，从而拥抱成功。

柏拉图（公元前 427—公元前 347）：古希腊伟大的哲学家，也是全部西方哲学乃至整个西方文化最伟大的哲学家和思想家之一。

5 生活如同一个剧本：重要的不是长度，而是演出的精彩与否。

——（古罗马）塞涅卡

人生就像是爬山，许多人都在追求那种"山高人为峰，一览众山小"所带来的快感。然而，在急匆匆向上攀登的时候却不知不觉忽略了身边、脚下的美景。

同样，生活也是如此。有人活到百岁，却每天如一。要知道，生命重要的不是长度，而是活得是否精彩。

精彩存在于生命中，生命存在于生命的过程中。这过程中有欢声，有笑语，同样也有迷惘，有失败……在这个过程中我们体验过快乐，也品尝过苦涩；分享过甜蜜，也独舔过伤口。不管最后我们收获的是什么，我们都无怨无悔，因为我们的人生因此而丰富多彩。

人来世上是个偶然，而走向死亡是个必然。所以，只要我们活一天，我们就应该用心去感悟生命的过程。

6 何为生？生就是不断地把濒临死亡的威胁从自己身边抛开。

——（德国）尼采

"何为生？生就是不断地把濒临死亡的威胁从自己身边抛开。"一百多年前，尼采是这样告诫我们的。

有些人，为了事业，不顾健康，将自己逼至"过劳死"；有些人，为了刺激，无视交通法规，使自己命丧车轮之下；有些人，为了冒险，无视危险，将自己的生命当成儿戏。这一切，都是不爱惜生命的表现。

季节可以重复，天气可以重复，金钱可以重复，唯有生命不可重复。生命之于每个人只有一次，我们要懂得珍惜生命。因为就是有了它，我们才能在这片土地上耕耘、创造；因为就是有了它，我们才有了喜怒哀乐；因为就是有了它，我们才知道爱情的美好、亲情的珍贵、友情的价值……这一切的一切，都只存在一个前提——那就是生命。如果失去它，我们将一无所有。

人生短暂，要珍惜自己的生命，要善待生命；我们要好好活着，因为我们要死很久。

7 这个世界最珍贵的不是"得不到"和"已失去"，而是"已拥有"。

—— （古希腊）阿基米德

失去和拥有，失去放在左手，拥有放在右手。同样是左右手，很多人往往忽视了右手中的拥有，而一味地计较左手中的失去。

人们总是感觉得不到的是最好的，而总是忽略自己已经拥有的幸福。其实，世间最珍贵的，不是得不到和已失去，而是已经拥有的。

每个人之所以能拥有独一无二的人生，就是因为人生是不能重来的。如果人生可以重来，我们曾经拥有过的一切，就不会那么珍贵。

一生中总会有一些人让你来不及告白，来不及说爱，空留遗憾和牵挂。希望每一个人都能珍惜眼前所拥有的，毕竟没有来世，仅有这一生。

阿基米德（公元前 287—公元前 212 ）：古希腊哲学家、数学家、物理学家。一生献身科学，忠于祖国，受到人们的尊敬和赞扬。

8 生命因意志而在。

——（德国）叔本华

　　所谓意志：意，是心理活动的一种状态；志，是对目的方向的坚信、坚持。意志，是对实现目的有方向、有信念的一种心理活动。

　　当你处在成功的巅峰时，如果走错了方向，多走一步都有可能是万丈深渊；当你处在失败的谷底时，如果找对了方向，每走一步都有无限的希望。所以，你一定要找准自己的定位，然后朝着这个目标坚定不移地前进，那么，你一定能取得成功。

　　朝这个目标奋斗的过程中，也许会遇到这样那样的挫折，也许会遇到这样那样的流言蜚语，但只要你意志坚定地走自己选定的路，那么你每走一步，就是向成功的目标迈进一步。

　　人生在世也不可能总是一帆风顺，每个人都会遇到困难与阻碍，但有理想和信念的人，就不会气馁，不会失望，不会放弃争取胜利的信心。

　　　　　　　　　　　　　叔本华（1788—1860）：德国著名哲学家，
　　　　　　　　　　　　　意志主义的主要代表之一。在人生观上，持
　　　　　　　　　　　　　悲观主义的观点，主张禁欲忘我，被称为"悲
　　　　　　　　　　　　　观主义哲学家"。

9 人是生而自由的，却无往不在枷锁之中。

——（法国）卢梭

世人总是将名与利作为成功的标志和象征，这种世俗的观念使得很多人为追求功名利禄而一生被名利所牵绊。

"名"是缰，"利"是锁，一旦沉溺于名利，生活就会被它们所牵引着，名利的得失就成了判断人生的标准。名利散发着夺目的光辉，很多人都想将其据为己有，因而人们奋不顾身地扑向名利，却不知道在我们得到名利的同时，也将名利的绳索套在了自己的心上。当我们初次尝试名利的光环带给我们的益处之后，我们就很难再摆脱名利的纠缠。当名利的绳索越收越紧的时候，我们的生活就会痛苦无比。

一个人若是痴缠于名利，那么名利就会占据他生活的全部。当这种想法被无限放大之后，他将无法感知生活的乐趣。名利还有一点更可怕，那就是它一旦进入人的内心就无法得到满足，即使我们能够求得名利，依然难以体验到生活的快乐。

一个人，乃至整个人类都是有限的，而人的欲望却是无限的，这就是世人难得洒脱的根本原因。因此，要获得洒脱，我们就必须看清自己究竟能够做什么，应该做什么，从而清楚地知道自己应该获得什么，能够获得什么，自然地放弃本不属于我们的东西，欣然地接受得到的东西。这样，可能就会洒脱了。

生活里谁都知道洒脱一些好。生活的纠缠如此多，心头的负担那么重，洒脱就成了一种奢望。其实洒脱就是一种简单的转身，是一种做人的品行，给生命一份洒脱，也算没有白活。

　　卢梭（1712—1778）：法国伟大的启蒙思想家、哲学家、教育家、文学家，是18世纪法国大革命的思想先驱，启蒙运动最卓越的代表人物之一。主要著作有《论人类不平等的起源和基础》《社会契约论》《爱弥儿》《忏悔录》《新爱洛漪丝》《植物学通信》等。

10 只要我们善用时间，就永远不愁时间不够用。

——（德国）歌德

时间，就像流水一般在身边流过，悄无踪迹，永不回头。

时间，就像朱自清先生在散文《匆匆》中写的那样："洗手的时候，日子从盆里过去；吃饭的时候，日子从饭碗里过去；默默时，便从凝然的眼前过去。"

时间是宝贵的，时间也是匆匆流逝的。但其实，只要我们善用时间，就永远不愁时间不够用。因为时间就像海绵里的水，只要你愿意挤，总是会有的。

我们每个人的生命都是有限的，因为时间限制了我们的生命，但是只要我们能充分利用属于我们自己的时间，不浪费每分每秒，珍惜每分每秒，我们就能在有限的生命里创造出永世的辉煌。

时间就是生命，珍惜时间就是珍惜生命，我们每个人都应好好地珍惜时间，在有限的时间里创造出无限的生命价值。

11 停止奋斗，生命也就停止了。

——（苏格兰）卡莱尔

因为思考，我们才有智慧；因为奋斗，生命才有意义。

人生有两出悲剧，一是万念俱灰，二是踌躇满志。这两种悲剧，都会导致奋斗的中止。

万念俱灰是奋斗路上最大的不幸。

奋斗的路上总是有很多的坎坷和困难，一次次地跌倒并不可怕，可怕的是失去对成功的期待与坚持。更重要的是，一次次摔倒后，你还能不能顽强地爬起来，总结经验重整旗鼓，继续坚持下去，直到成功为止。如果受了重击后便一蹶不振，那么，你只会永远趴在胜利者的脚下。

失败后，不要万念俱灰。青涩的果子，经过日晒雨淋之后才会变得甘甜可口。而平凡的人生，只有在经过奋力拼搏之后才能更加辉煌灿烂！

在面对人生的失意时，不要气馁，不要放弃，去为你理想中辉煌的天堂努力拼搏，去努力踩出一条属于自己的道路。人生难免经受失败，而只有在经过痛苦的砥砺之后，才能品尝到超然的快乐！

托马斯·卡莱尔（1795—1881）：苏格兰评论家、历史学家。英国 19 世纪著名史学家、文坛怪杰。

12 瓜是生在纯粹肥料里的最甜，天才是长在恶性土壤中的最好。

——（英国）培根

人活着并不是为了苦难，但要活着却不能不承受苦难。离开苦难，人就会变得简单而肤浅，但如果不想方设法摆脱苦难，那么活着也只是肤浅而简单。

苦难可以锤打出哲学思想，但你必须是一块钢铁；苦难可以磨砺出卓越人才，但你必须是一把宝剑。

经过暴风雨洗礼的人，才能够更深地体会到彩虹的美丽，只有经过打击之后，心才会变得坚强。不经一番寒彻骨，哪得梅花扑鼻香？温室里的花朵是经不起暴风雨的洗礼的，只有经受了恶劣环境考验的人才能有更强的生命力。

苦难，对于那些渴望成功的人来说是一种财富。在苦难中，人才能挖掘自己的所有潜力，做到一些在顺境中不可能做到的事情。所以当苦难降临到自己身上时，不要以为那是上天的不公平，相反，这可能是你真正改变自己人生的契机。勇敢一点，向苦难挑战，它就能成为你一生的财富。

一个障碍，就是一个新的已知条件，只要愿意，任何一个障碍，都会成为一个超越自我的契机。

培根（1561—1626）：英国文艺复兴时期最重要的散文家、哲学家。他不但在文学、哲学上多有建树，在自然科学领域也取得了重大成就。

13 我无法了解死，只能体验生。

——（丹麦）克尔凯郭尔

死亡对于每个人来说都是最恐惧的事情。它的可怕并不只是临死时身体的痛苦，更可怕的是死后留下的浩浩虚空。死后的葬礼无论豪华隆重还是简单素朴，任何人都只能化作灰烬肥沃土地而无法死而复生。

生前苦心孤诣求得的荣华富贵、功名利禄，死后如浮云般消散殆尽，怎不可悲、可叹？

人生中，路窄处，心宽走；路难时，慢慢走。谁出门还不遇上个雨天，人间还是晴天多。多些担待，为了好好活着；多些珍惜，自会坦然来去。

人这一生，活着的时间是有限的，而死后，谁也不知道我们到底会怎么样，是人们所说的投胎轮回还是什么也没有就此消失……所以人这一生要开开心心地活，为了不知道的结果好好活着！

克尔凯郭尔（1813—1855）：丹麦宗教哲学心理学家、诗人，现代存在主义哲学的创始人，后现代主义的先驱，也是现代人本心理学的先驱。

14 没有人生活在过去，也没有人生活在未来，现在是生命确实占有的唯一形态。

——（德国）叔本华

　　人生是一个连续不断的过程，过去、现在和将来组成了整个人生。过去是用来追忆的，现在是用来生活的，未来是用来憧憬的。然而，现实中的人们却往往把这三个阶段混淆，沉浸于过去，幻想着未来，唯独忽略了现在的重要性。

　　我们都在赶路，却忘记了出路，在失望中寻找偶尔的满足。未来是不可预知的，我们唯有把握现在。

　　人活百岁，不过三万多天。当你做着将来的梦或者为过去而后悔时，你唯一拥有的现在正悄悄从你手中溜走。与其为了昨天的事情后悔不已，何不认真对待每一个今天；与其将生命寄托在遥不可知的未来，何不随缘面对每一个当下！

　　生活从来不在别处，只在眼前的每一分、每一秒。

　　人只活在当下，没有你之前，地球已然存在；有了你之后，地球依然存在。茫茫尘世间，人不过是一粒浮尘，来自偶然，也不知去向何处。今世做人，就做好人的本分，不必追问前世，亦不必幻想来世。

活在当下，就是要我们用生命去体验眼前的生活，让我们把握时间，让自己的生命从虚空变得沉甸甸。只有活在当下，才能让我们拥有一个充实的过去和一个美好的未来。

　　当新的一天降临时，我们都是一个崭新的人，昨天已不复存在，未来还很遥远。因此，我们要好好珍惜现在！

15 人生是海洋，希望是舵手的罗盘，使人们在暴风雨中不致迷失方向。

—— (法国) 狄德罗

　　每个人心中都有一个希望，或者是多个，哪怕这样的梦想在别人眼里多么的微不足道，显得多么的渺小。不管是"卑微"也好，或者是"高尚"也罢，每个人的梦想都是值得尊敬的，因为有了梦想和希望，我们的生活就不再单调，精神世界就不再贫瘠。

　　人，要有希望和梦想，才能有延续生命的勇气和力量，才有创造辉煌的可能。当你感到绝望时，你可曾抬头看过那河对岸的风景？如果你看过便会知道，其实有时，光明和黑暗、生存与死亡、欢乐和痛苦、希望和绝望之间也不过隔着一条小河而已。我们不是缺乏信心，而是缺乏相信自己的勇气；我们不是缺少希望，而是当我们遇到挫折时习惯于放弃。

　　记住：任何时候都不要放弃希望，不管你所遭遇到的是什么。只要为梦想而行动，我们都能成为命运的舵手，让生活向人生的海洋中驶去，从此，我们再也不怕在暴风雨中迷失方向！

　　希望，就好像是你内心的灯光，它能够照亮一切黑暗；希望，就好像是你成功路上的指南针，它能够一步步地将你引向光明。只要你心中永怀希望，那么你就不会害怕寂寞和孤单，你就能够忍受路途的艰辛。希望，就是一种巨大的潜在力量，唤醒希望，你就能够将幸福握在自己的手中！

狄德罗（1713—1784）：18 世纪法国唯物主义哲学家、美学家、文学家，百科全书派代表人物，第一部法国《百科全书》主编。狄德罗是法国 18 世纪杰出的启蒙思想家、唯物主义哲学家和教育理论家。

16 受苦的人，没有悲观的权利。

——（德国）尼采

阴晴圆缺，是月的轮回；悲欢离合，是人生的纠葛。既然要生活，我们就不要拒绝人生的苦涩；既然要生活，我们就继续拥抱那份执着。

一个受苦的人，如果悲观了，就没有了面对现实的勇气，没有了与苦难抗争的力量，结果是他将受到更大的苦。

"苦难犹如乌云，远望去但见黑暗一片，然而身临其下只不过是灰色而已。"

生活中，不是因为苦难本身有多么神秘和令人向往，而是因为经历了苦难后，人就会愈挫愈坚，无往不胜。

苦难是一笔财富，痛苦是一份辉煌，经历过苦难的人生才能称得上是辉煌的人生。如果说生活是一张网，那么苦难就是网上的绳结，只有经历过一次次的痛苦，这张网才有力量负重。

不知苦痛，怎能体会到快乐？在生活中，许多时候，我们若不是尝到痛苦，遭受折磨，就不会有苦尽甘来的甜蜜感觉。

17 短时期的挫折比短时间的成功好。

——（古希腊）毕达哥拉斯

每个人都希望自己做任何事情都是一帆风顺，每个人也都希望自己做事能成功，但是没有挫折的人生是经不起风吹日晒的。

人们往往会躲避和忌讳挫折与失败，而实际上挫折与失败给你的东西远远大于成功。不知道挫折和失败，怎么能够超越他人、超越自己？敢于承认并坦然面对挫折，是一种根深蒂固的自信。一个人走向成功要经受千万种磨炼。能够经受涅槃而走出阴影，非有坚强的意志与自信不成。

蝴蝶能够翩翩起舞也是因为它经历了化茧成蝶的痛苦。

挫折对于我们来说是一剂良药，它能使我们更加坚强。只有在经历过挫折之后，我们才会在品味挫折的时候，发现自己的弱点，才能使我们未来的人生更加趋于完善。

成功固然是我们追求的目标，但我们追求的不是短时间的成功。因此，通往成功的路上，我们要做到不断超越自我，只有在挫折面前不放弃，我们才能在战胜挫折的同时，使自己得到升华，最终到达成功的彼岸。

毕达哥拉斯（约公元前580—约公元前490）：
古希腊哲学家、数学家和音乐理论家。

18 只有信念使快乐真实。

——（法国）蒙田

信念之于人生，如同航船之于舵手。航船没有舵手，就会在大海中迷失方向，就会在暗礁险滩中倾覆，就会被惊涛骇浪所吞没。

信念之于人生，如同飞鸟之于羽翼。飞鸟没有羽翼，就不能展翅高飞，就不能掠过长空，只能望空兴叹。

人生没有信念，就会在前进中迷失自我，生活就将变得黯淡无光，生命也会变得没有意义。

人生需要信念，如同花草需要养分。没有养分，花草就会枯萎、殆尽，即使苟活，也只不过是残红、惨绿，再也没有生机与活力。

信念是根脊梁，支撑着一个不倒的灵魂；信念是个路标，指引着人生的道路。

人生如歌，信念如调。没有调的歌永远不能成为真正的歌，没有信念的人生永远都是没有意义的人生。人生需要信念，有了信念，才可以使你拨开云雾，见到光明，见到希望；有了信念，才可以使你乘风破浪，驶向成功的彼岸；有了信念，才可以使快乐真实地存在！

蒙田（1533—1592）：文艺复兴时期法国作家。他的散文主要是哲学随笔，因其丰富的思想内涵而闻名于世，被誉为"思想的宝库"。

19 只有那些躺在坑里、从不仰望高处的人，才会没有出头之日。

——（德国）黑格尔

从不仰望高处的人，是喜欢原地踏步、没有远大理想的人。一个没有理想的人，犹如鸟儿没有了翅膀，将永远无法飞向远方；一个没有理想的人，犹如在迷路时丢失了指南针，将永远无法找到东南西北。

生活中没有理想的人是可怜的，人活着如果没有梦想的鼓舞，就会变得空虚而索然。

没有理想就没有信念，信念是理想的派生物。把人生比做航海，信念就犹如舵手手中的罗盘，使人们在暴风雨中不至于迷失方向。世上最重要的不是人身在何处，而是应该朝什么方向走。

只有启程，才会实现理想，目的地达到。只有追求，才会品味到堂堂正正的人生。所以，让我们扬起理想的风帆，向着光明的彼岸前行，小心地避开航程中的浅滩暗礁，相信欢庆成功的那一刻就在不远的将来！

人生是需要自己主动去奋斗和创造的，而不是被动地等待别人的给予。

要知道，真正成功的人生，不在于取得怎样的成绩，而在于你是否努力地去实现自我，向着理想走出属于自己的道路。

在人生的竞技场上，只有积极行动的人，才能成为真正的赢家！

黑格尔（1770—1831）：德国唯心主义的集大成者，西方哲学史上最伟大的哲学家之一。19世纪末，在美国和英国，一流的学院哲学家大多都是黑格尔派。

20 挫折可增长经验，经验能丰富智慧。

—— （德国）叔本华

生活中有成功和荣誉，也免不了有挫折和失败。我们不要抱怨挫折，因为每个挫折都有它的意义。

遇到了挫折，你可以告诉自己，挫折是人生的加油站；遭遇了失败，你跌倒了可以再爬起来。即使失去了什么也不必为此哭泣，因为有谁能说你再遇到的，就不是最好的呢？

"自古英雄多磨难，从来纨绔少伟男。"挫折是能者的无价之宝，是弱者的无底之渊。强者在挫折面前会愈挫愈勇，而弱者面对挫折会颓然不前。

挫折可以把人吓倒，使人唉声叹气，退缩不前；挫折也可使人精神振奋，经受磨炼，增长才干，增强意志。就看你如何对待它。只有在困难和挫折面前毫无惧色的人，才能到达成功的顶峰。

挫折可以增长经验，经验能丰富智慧。成功就是通过一次次的尝试来实现的，成功＝尝试＋尝试＋再尝试。积极的人生态度更是成功的催化剂。

21 没有一定的目标，智慧就会丧失。

——（法国）蒙田

目标之于我们，犹如太阳给我们光明；没有太阳，人类世界将变得暗无天日，乱成一片。

在茫茫的戈壁中跋涉，迷失方向，旅者将暴尸荒野；在浩瀚的大海中航行，迷失方向，水手将葬身海底；在无边的探索中寻找希望之光，迷失方向，你将会与成功擦肩而过，抱憾终生。

每一个成功者都有其成功的理由，一个值得付出、激起兴趣、且长据心头的目标驱使他们去追求进步，更上一层楼。这目标给予他们开动成功列车所需的动力，使他们释放真正的潜能。

在你努力实现目标的过程中，没有什么比你对目标表现的态度更重要的了。

一粒种子的方向是冲出土壤，寻找阳光；一条树根的方向则是伸向土壤，汲取更多的水分。

人生亦如此，正确的方向让我们事半功倍，而错误的方向会让我们误入歧途，甚至毁误一生。

22 大自然把人们困在黑暗之中，迫使人们
永远向往光明。

——（德国）歌德

大自然把人们困在黑暗之中，迫使人们永远向往光明。如果没有黑暗，人们怎么可能发现光明？

许多身处黑暗的人，磕磕绊绊，一路坚持，最终走向了成功；而另一些处在光明中的人，往往因眼前的光明迷失了前进的方向。

生活中其实没有绝境，绝境在于你自己的心没有打开。身处逆境，我们要有正确的心态去对待它，从逆境中找到光明，时时校准自己前进的目标。

前进的过程中，跌倒了没有关系，重要的是从哪里跌倒就从哪里站起来。人在逆境里比在顺境里更需要坚强、毅力和信心。"人处患难之境，如香草之受压榨则芬芳愈烈。"故从逆境中走出来的人，更能成就一番事业。

谨记：即使生活有一千个理由让你哭泣，你也要拿出一万个理由笑对人生。

23 天才就是无止境刻苦勤奋的能力。

——（苏格兰）卡莱尔

我们总是抱怨自己的命运不济，其实机会对每个人都是均等的。我们如果对实际生活有所了解，就可以发现，幸运通常伴随在那些努力勤奋工作的人身边，就像海风和海浪总是伴随在航行者的身边一样。

一种勤奋、不怕艰苦、坚持到底的习惯，使我们无论做什么，都能在竞争中立于不败之地。要始终相信：勤奋是金，勤奋可以创造奇迹。正是辛勤的双手和大脑才使人出众。任何事业追求中的优秀成就都只能通过辛勤的实干才能取得。

毫无疑问，懒惰者是不能成大事的，因为懒惰的人总是贪图安逸，遇到一点风险就退缩。另外，这些人还缺乏辛勤实干的精神，总想吃天上掉下来的馅饼，从不相信勤奋会有收获。勤奋是千百年来人们成才的法宝，也是中华民族的传统美德。

追求成功的道路是很辛苦的。有句话说得好："成功是没有捷径的。"只有勤奋的人，只有那些保持必胜信念的人，才能最终成就自己的理想。

天道酬勤。坚持不懈才能使命必达。

24 要在这个世界上获得成功，就必须坚持到底。

——（法国）伏尔泰

木成林，可蔽天日；水成海，可蕴万物。

物贵在有恒，人更是如此。

成大事不在于力量的大小，而在于能坚持多久。

大多数成功者的秘诀都有两个：第一个是坚持到底，永不放弃；第二个就是当你想放弃的时候，回过头来看看第一个秘诀。持之以恒，是开启胜利之门的金钥匙。一个人有了坚强的毅力和恒心，就能轻而易举地战胜一切困难。

事实上，成功并不难，成功就是无数次失败之后，再无数次站起，坚持不懈地向目标发起挑战。当我们的努力累积到一定程度的时候，成功就会从天而降。

坚持是一条不归路，踏上去就永远不要回头。无论身后的嘲笑声多么响亮，你只管沿着正确方向，大步向前。

只有面对挫折不折腰，面对困难不低头，面对磨砺不言苦，面对危险不却步，面对失败不放弃，才能最终取得成功。坚持一下，成功就在你的脚下。

成功的秘诀其实很简单，那就是淡看失败，永不放弃。

伏尔泰（1694—1778）：法国启蒙思想家、文学家、哲学家。18 世纪法国资产阶级启蒙运动的旗手，被誉为"法兰西思想之王""法兰西最优秀的诗人""欧洲的良心"。

25 一个勇敢的人，也就是满怀信心的人。

——（古罗马）西塞罗

拿破仑·希尔曾经说过："信心是心灵的第一号化学家。当信心融入思想里，潜意识会立即拾起这种物质，把它变成等量的精神力量，再转换到无限智慧的领域里促成成功思想的物质化。"

当你面对失败时，当你恐惧、忧郁、悲伤时，最好的办法就是树立足够的自信心，积极摆脱这些困境，就能重获新生。

有时，当我们突然跌落谷底的时候，也正是我们攀向新的高峰的时候。只要我们不对自己失去信心，不对生活失去信心，一定可以重新开创自己美好的生活。

信心的力量是无穷的。做人离不开信心，做事更少不了信心。面对困难，自信就像一把钥匙，打开心锁勇敢前进。对自己充满信心，就是给你的人生增添一条成功的途径。一个人，只有树立起信心，才能充实而坦然地面对生活。

世界不止一扇门，当上帝为你关上所有的门时，他还会为你留下一扇窗。因此，我们不要总沉溺于失去门的痛苦中，我们要看到另外的那扇窗，依然为你敞开！

西塞罗（公元前106—公元前43）：古罗马著名政治家、演说家、雄辩家、法学家和哲学家。

26 最长的莫过于时间，因为它永远无穷尽；
最短的也莫过于时间，因为我们所有的
计划都来不及完成。

——（法国）伏尔泰

世界上的许多东西都能尽力争取和失而复得，只有时间难以挽留。时间一去不复返，不管你高兴还是忧伤。

时间是碎片，不懂得收集，它会在无意间溜走；时间更像边角料，要学会合理利用，一点一滴地累积，会得到长长的时间。

时间摸不着、看不到，你可以随意摆布，但同时你也会得到更多的惩罚。

时间对任何人、任何事都是毫不留情的，是专制的。时间既可以毫无顾忌地被浪费，也可以有效地被利用。

时间是慷慨的，也是吝啬的。勤学者，时间给予他的是知识和智慧，时间使他的生活更有光彩，青春更加美丽；怠惰者，时间终会将他抛弃，到头来使他双手空空，一无所有。

年年岁岁花相似，岁岁年年人不同，希望我们每个人都能记住：莫等闲，白了少年头！

人的生命只有一次，时间永不回头，请勿虚度年华、荒废光阴！

27 唯坚韧者始能遂其志。

——（美国）富兰克林

沧海横流，方显英雄本色。

韩信遭受胯下之辱并最终成为一代名将，离不开其坚韧的性格；勾践卧薪尝胆，最终成就一番事业，离不开其永不言败的性格。

坚韧不拔的意志和毅力，教会他们敢于面对挫折，不怕失败，跌倒了自己爬起来，勇于接受艰难困苦的磨炼。

无论在什么艰难困苦的环境下都不要灰心丧气，要敢于逆流而上，不放弃自己的目标，不放弃努力，认真对待每一次挫折，每一次失败。

坚定的信念，才会使人到达人生的最顶端。坚定的理想，才会迈向人生更远的方向。每一步，都需要一个坚定的信念；每一步，都需要肯定的理由，去走向人生的最高峰，探索人生的最顶端。

面对挫折、面对困难不要慌，亦不要乱，只要坚实地走好每一步该走的路，闯过眼前所有的障碍，怀着一颗永远不知疲倦的心，永不言弃，坚持到底，前方就是我们理想的天堂！

浪花，是因为不断地冲击岩石，才会见其美丽。人生，如果像波澜不惊的湖水一样，将永远不会有壮观的色彩。所以，我们不要害怕挫折与磨难，因为在困难的背后，一定会有通往成功的阶梯。

富兰克林（1706—1790）：18世纪美国最伟大的科学家和发明家，著名的政治家、外交家、哲学家、文学家、航海家以及美国独立战争的伟大领袖。

28 真正的人生，只有在经过艰苦卓绝的斗争之后才能实现。

——（古罗马）塞涅卡

在生活中，很多人习惯于行走在平坦的路上，当看到前方布满荆棘、充满坎坷时，他们就会转变方向。最终他们在一个狭小的平坦地上团团转，却执着地不想去接受挫折的洗礼。

蝴蝶能够翩翩起舞，是因为它经历了化茧成蝶的痛苦。成功的道路是布满荆棘的，需要我们用大无畏的精神去面对。然而，如果我们没有经历过苦难的洗礼，没有经历过艰苦卓绝的斗争，那么，我们必然没有勇气去面对成功道路上的种种困难。

坎坷对于人生来说是一剂良药，它能使我们更加坚强。我们只有勇敢地面对各种苦难，才能在苦难中了解人生，才能更好地走以后的人生之路。只要我们能够度过黎明前的黑暗，必能迎来人生中的第一缕曙光。

人，需要在坎坷中充实自己，只有不断自励，不断提升，才能有资格去拒绝人生的失败，如果仅仅是躲避逃脱，终生也不会成就自己。真正的人生，只有在经过艰苦卓绝的斗争之后才能实现，只有在经过挫折之后，才会让我们更快地成长。

29 当太阳下山时，每个灵魂都会再度诞生。

——（英国）莎士比亚

人的一生，不可能永远一帆风顺，难免会遭遇挫折和不幸，这个过程中，有人成功，有人失败。

成功者和失败者的区别在于：失败者总是把挫折当成失败，以致每次挫折都会深深打击他追求胜利的勇气；成功者则是从不言败，在一次又一次的挫折面前对自己说："我不是失败了，而是还没有成功。"

这个世界是多变的，充满了成功的机遇，也充满了失败的可能。若每次失败之后都能有所领悟，把每一次失败当作成功的前奏，那么，成功就离你不远了！

当太阳下山时，每个灵魂都会再度诞生。再度诞生就是给你把失败抛到脑后的机会。每一次的逆境、挫折、失败以及不愉快的经历都隐藏着成功的契机，而不是增加你消沉的机会。

只要你坚持，只要你执着，不被失败打垮，继续坚持，继续努力，终有一天，你会成功。

莎士比亚（1564—1616）：英国文艺复兴时期伟大的剧作家、诗人，欧洲文艺复兴时期人文主义文学的集大成者。

没有深夜痛哭过的人，不足以谈人生

哭过了，一定要擦干眼泪，忘记昨日的苦与痛，创造今天的甜与美。只有面对困难百折不挠，遇到挫折坚持不懈的人，才有可能登上成功的巅峰。

30 凡不是就着泪水吃过面包的人，
是不懂得人生之味的人。

——（德国）歌德

生命并不是一帆风顺的幸福之旅，而是像钟摆一样，时时在幸与不幸、欢乐与痛苦、光明与黑暗之间不停地摆动。只有经得住漫长的磨难与艰辛，才会有大的作为。有多少苦难、多少惊天动地的大事，才有多少不可思议的成就。

苦难，它能使人奋进，走出迷雾，校正人生；它能磨炼人的意志，获得前进的动力；它能使人思考生活、思考人生、升华思想，把困难和逆境变成成功的垫脚石。

人生就是这样一个漫长而又痛苦的过程，生老病死，苦海无涯，需经历重重苦难。

面对苦难、厄运，我们需要乐观、豁达，生命的意义不在于历尽苦难而痛不欲生，而是要你尝遍人间的百味，并甘愿同苦难作战。

31 没有深夜痛哭过的人，不足以谈人生。

——（苏格兰）卡莱尔

人生在世，总会遭受不同程度的挫折，世上并没有绝对的幸运儿。曾经的挫折可以激发生机，也可以扼杀生机；可以磨炼意志，也可以摧毁意志；可以启迪智慧，也可以蒙蔽智慧——全看受挫者是怎样看待的。

在黑暗中徘徊时，阳光可以指引你前行的路，而在悲叹之中，才能领略人生的真义。

多少次艰辛的求索，多少次黑夜的徘徊，多少次噙泪的跌倒与爬起，都如同潮起潮落一般，为我们今后的人生道路做了铺垫。成长的过程好比在沙滩上行走，一排排歪歪曲曲的脚印，记录着我们成长的足迹。只有经受了挫折，我们的双腿才会更加有力，人生的足迹才能更加坚实。

没有深夜痛哭过的人，不足以谈人生。哭过了，一定要擦干眼泪，忘记昨日的苦与痛，创造今天的甜与美。只有面对困难百折不挠、遇到挫折坚持不懈的人，才有可能登上成功的巅峰。

32 闲暇不是心灵的充实，
而是为了心灵得到休息。

——（古罗马）西塞罗

走得苦时，切勿太悲怆，生活里是没有绝路的，苦难是人生的阶梯，助你走出低谷和沼泽；走得快时，无须太得意，你的脚力总是有限的，不如放慢脚步把短暂的路走得精彩些。

放慢脚步，给自己的心灵放个假。不要成为生活的奴隶，填饱肚子之余，别忘了心灵也需要营养。人不能只靠面包生活，你的心灵需要比面包更有营养的东西。你有多久没有唱歌，没有到大自然中走一走，没有读书了？

人生就像一次旅行，人们总是忙于奔赴目的地，人们的心灵充斥着各种各样通往目的地的方法和手段，却往往忽略了路边的风景，没有给心灵片刻的宁静。

当你匆匆赶路时，你就错过了在路上的乐趣。你最好放慢步子，不要那么快，因为时光短暂，生命之乐不会持久。

人，需要适当的休息、放松和娱乐，需要时间来思考一些事情、整理一些思绪，需要停下来享受一下生活。

给自己一点品味生命的时间，在音乐、艺术、文学和大自然的世界里松懈紧张的情绪，保持一颗鲜活的心。别拿忙碌当借口，多听，多看，多关怀生命，即使是阴霾的雨天，也会出现欢乐的歌声。

33 胜利和眼泪就是人生!

——（法国）巴尔扎克

　　生活不可能像你想象得那么好，但也不会像你想象得那么糟。我觉得人的脆弱和坚强都超乎自己的想象。有时，可能脆弱得为一句话就泪流满面；有时，也发现自己咬着牙走了很长的路。

　　人生之路，会历尽风雨和霜雪，会饱尝艰辛和困难。风雨能够磨炼你的性情，霜雪会让你变得从容坦然，艰辛能够磨炼你的意志，困难会让你变得更加坚强。不要生活在别人的影子里，不要工作在别人的眼色中，不要把前途命运交给幻想，不要把开心快乐随便遗忘。

　　穿好自己的鞋，走好自己的路。

巴尔扎克（1799—1850）：法国 19 世纪伟大的批判现实主义作家，欧洲批判现实主义文学的奠基人和杰出代表，法国现实主义文学成就最高者之一。他创作的《人间喜剧》被称为法国社会的"百科全书"。

34 自卑往往伴随着懈怠。

——（德国）黑格尔

人的心灵都是脆弱的，曾经我们都有过自卑，自卑并不可怕，可怕的是永远沉溺其中，不能自拔。自卑作为每个人身体中都存在的因子，是被它控制，还是控制它、超越它，是每个人自己的选择。

自卑虽然只是一种情绪，但它却具有极大的破坏力，一旦我们感染上它并主动放弃我们的努力，它就会像指挥木偶一样操纵着我们，使我们生活在痛苦中。一切盲目的挣扎与哀鸣都不会将它驱除，也不会使它感动，它将一步步吞噬我们。

自卑感是阻碍成功的无形敌人，一个人经常遭到失败和挫折，其自信心就会日益减弱，自卑感就会日益严重。自卑的产生除了会抹杀掉一个人的自信心，同时还让人变得消极、懈怠。

不要再让自卑蒙蔽自己的心灵，发现它，承认它的存在，并设法弥补它，勇敢地迈出前进的脚步，让自信的笑容浮现脸庞！

信心是成功的助推器，有了它，人们才会有动力，向着目标迈进；没有它，人就会心存疑惑，并注定会走向失败。

记住，跨越自卑，你就是人生的主宰！

35 生活是没有旁观者的。

——（德国）歌德

　　有人说，生活是不断创造的过程，而非简单享乐的过程；有人说，生活像果盘中盛着的收获与失落；有人说，生活像洋葱，会让你落泪；还有人说，生活是由无数烦恼组成的念珠……

　　但是，无论哪种生活，我们都要经历，因为我们不是旁观者。人生是一个大舞台，你是舞者，而不是看客。

　　生活要我们自己去感受，每个人的人生之路也要靠我们自己去走。无论前方是沼泽、是泥潭或是陷阱，都要我们自己去经历、去走过、去承受，没有人可以替代你。

　　生活不会向你许诺什么，尤其不会向你许诺成功。它只会给你挣扎、痛苦和煎熬的过程。所以要给自己一个梦想，之后朝着那个方向前进。如果没有梦想，生命也就毫无意义。

36 在时间的钟上，只有两个字——现在。

——（英国）莎士比亚

每个人的一生都不可能是一帆风顺的，也许生命里曾有过失败和伤痛，但那只是过去的演绎，若沉湎其中，只会是一种自伤。人不可能停滞在昨天或过去。

在有生之年，我们每一个人都应该让自己学会一门叫做"健忘"的哲学。

同样，假若你时时刻刻都将力气耗费在未知的未来，却对眼前的一切视若无睹，那么你将永远生活在虚幻中，永远也不会得到真正的快乐。

当你存心去找快乐的时候，往往找不到。而让自己活在当下，全神贯注于周围的事物，快乐便会不请自来。

生命是一步一个脚印的旅程。昨天已是历史，明天尚是未知，而今天则是上天送给我们的礼物。这就是我们为什么称它为"现在"的原因。

有一位伟人曾经说过这样的话："责任和今天是我们的，结果和未来属于上苍。"

活在今天，不要再为昨天的得失或失败而感到痛苦；活在今天，你不要总是在梦中构筑明天的空中楼阁；活在今天，就是清醒地看清楚自己，认认真真地了解自己，按照自己的本来面目去设计今天的行动，去完成今天的任务！

37 如果有什么需要明天做的事，最好现在就开始。

——（美国）富兰克林

如果我们做事都要等待明天，那么势必虚度光阴，一切事情就会错过机会。人的一生能有多少个明天？

做事情，如果拖拖拉拉，把今天的事情拖到明天，甚至后天，久而久之，就会养成一种做事情拖沓的习惯。这种习惯必会使你产生病态的拖延心理。

每个人的生命都是有限的，当拖延一旦成为习惯，死神也就在不知不觉中来临了。

生命中，再无聊的时光，也都是限量版的。

从现在开始，格外珍惜时间，让生活充实起来。大部分人都没有将时间用在最重要的事情上，假如你只能再活一个月，你想做些什么改变？记住：活一日，便愉快地过一天。期待着明天但又不为明日发愁的人才是真正从容的人。

38 疑心病是友谊的毒药。

——（英国）培根

猜疑，历来是害人害己的祸根，是卑鄙灵魂的伙伴。一个人一旦掉进猜疑的陷阱，必定处处神经过敏，事事捕风捉影，对他人失去信任，对自己也同样心生疑窦，损害正常的人际关系。

猜疑心理表现在交往过程中，自我牵连倾向太重。何谓自我牵连太重，就是总觉得其他什么事情都会与自己有关，对他人的言行过分敏感、多疑。

疑心重的人思虑过度，凡事都往坏处想。说者无心，听者有意，捕风捉影，无中生有。

正如培根所说："猜疑之心犹如蝙蝠，它总是在黄昏中起飞。这种心情是迷陷人的，又是乱人心智的，它能使你陷入迷惘，混淆敌友。"

朋友间的感情必须建立在相互信任、相互尊重的基础上。而猜疑恰恰违背了这些原则，它是真挚友谊的杀手，它是友谊的毒药。

友情，有时候是一门深奥的学问，有时候又以简单的方式呈现。总之，永远不要怀疑朋友的真心，那些不能做朋友的人，是用不着怀疑便会自露马脚的。

39 我们最大的愚蠢也许是非常聪明。

—— （英国）路德维希·维特根斯坦

有些人，唯恐吃了亏，事事要争个明白，处处要求个清楚，结果到最后才发现：因为太清醒了、太清楚了，反倒失去了该有的快乐和幸福，留给自己的就只剩下清醒之后的创痛。

难得糊涂，糊涂难得。留一半清醒留一半醉，才能在平静之中体味这人生的酸、甜、苦、辣。

糊涂一点，人才会舒服，才会冷静，才会有大气度，才会有宽容之心，才能平静地看待世间这纷纷乱乱的喧嚣、尔虞我诈的争斗，才能超功利、拔世俗，善待世间的一切，才能居闹市而有一颗宁静之心，待人宽容为上，处世从容自如。

有的事不明白就不会牵肠挂肚，就会少一分烦恼。佛陀说："一切万法不离自性。"就是说人不可自寻烦恼，世人说我痴，我就痴给世人看。

路德维希·维特根斯坦（1889—1951）：出生于奥地利，后入英国国籍。哲学家、数理逻辑学家，语言哲学的奠基人，20 世纪最有影响的哲学家之一。

40 愚者之所以成为愚者，在于固守己见而兴奋莫名。

——（法国）蒙田

生活中，有些人总是在一条路上不断地走，无路可走的时候，便怨天尤人，抱怨别人没有尽心尽力帮助自己，抱怨自己为什么这么没用。实际上，路的旁边也是路。有时候，我们无路可走了，不是真的没有路了，而是我们的眼光太狭窄了。到最后，堵死我们的不是路，而是我们自己。

人生的目标，在于向前，也在于拐弯。生活中的许多事都是如此，也许需要你在无法得知结果之前很快做出坚持还是变通的抉择。但你一定要在灵活、周密的考虑之后做出该守还是该破的决定。否则，只能一事无成。

入兰花之室，久而不闻其香；入鲍鱼之肆，久而不闻其臭。一个不知变通、没有适应能力的人是很难在社会上立足的。

是坚持还是变通，需要你从多个角度考虑问题，学会选择，才能多一条走向成功的路。

"越早放弃旧的奶酪，你就会越早发现新的奶酪。"人生也是如此，没有必要执着地守着已经不再新鲜的奶酪，而错过了新鲜的奶酪。偶尔回头看看，或许你会发现身边还有更好的选择，一味地执迷不悟，只会让自己陷入绝境，走进死胡同。

41 无知是智慧的黑夜，
没有月亮、没有星星的黑夜。

——（古罗马）西塞罗

　　一个人无论多么贫穷，只要有知识，并且会运用知识，他总会变得富有的。在这个世界上，金钱是有价的，但知识是无价的。知识是最伟大的力量，只要发挥出它的力量，我们就无所不能。

　　"活到老，学到老"，学习对于个人的发展乃至整个人类社会的进步都有很大的作用。

　　知识的浩瀚与渊深要求我们不间断地学习，技艺的多元化要求我们更多地掌握知识。只要我们能够坚持学习，就永远不会被淘汰。

42 没有哪个胜利者信仰机遇。

——（德国）尼采

现实生活中，有些人总是坐着等机遇，躺着喊机遇，睡着梦机遇，做"守株待兔"的人。殊不知如果这样，机遇就会像满天星斗，可望而不可即，即使机遇真的来到身边，他也发现不了。

没有耕耘就没有收获。如果把一个人的成功归结为偶然的机遇，这实在是一个谬误。法国著名微生物学家巴斯德指出："在观察的领域里，机遇只偏爱那种有准备的头脑。"

试想，爱迪生如果不是通过无数次试验，证明上千种材料不能做灯丝，并一直倾心于此项研究，又怎能发现适合做灯丝的钨呢？

其实，很多成功的人在机遇到来之前早已胸中韬略万千，他们的头脑中早已做好把握机遇的准备。一个人的成功，总能在机遇到来前，通过自己踏实的努力做好迎接机遇的准备。

花圃的美丽，不是自然形成的。没有园丁的辛苦修剪，没有园丁每天的照料，就没有花圃中那五颜六色的美。人生如同花圃，没有汗水的浇灌，没有努力的耕耘，人生的花圃只会有一片荒草。

机遇只偏爱有准备的头脑，能否抓住机遇、利用机遇，关键在于人们的准备，在于人们知识、文化、思想等多方面的准备，在于勤奋努力。朋友，你准备好了吗？

43 只有顺从自然，才能驾驭自然。

——（英国）培根

世间万物皆有其自身的规律。水在流淌的时候是不会去选择道路的，树在风中摇摆时是自由自在的，它们都懂得顺其自然的道理。

生命中的许多东西是不可以强求的，那些刻意强求的东西或许我们终生都得不到，而我们不曾期待的灿烂却会在我们的淡泊从容中不期而至。因此，面对生活中的顺境与逆境，我们应当保持"随时""随性""随遇""随缘""随喜"的心境。

随，不是跟随，而是顺其自然，不抱怨、不过度、不强求；随，不是随便，而是把握机遇，不悲观、不慌乱、不忘形。

顺其自然，并不是消极地去等待；顺其自然，是以一种从容淡定的心态去面对人生。

44 过去的事情是无法挽回的。聪明人
对现在与未来的事唯恐应付不暇，
对既往的事岂能再去计较。

——（英国）培根

人生由"三天"组成，昨天、今天和明天。如果你在忙碌的今天为了昨天的失败或不幸而哭泣，那么你的今天就只剩下了泪水。试问，你的明天又将何去何从？

对于很多人来说，对于过去都无法释然。站在时间的长河中，如果不把注意力放在美好的今天和明天，而总是沉浸于往事中，是极不明智的做法。昨天依然和我们有关，但是希望是不可能从昨天产生的，生活的奇迹永远是在今天的主题中。

每一天的太阳都是新的，不要对昨天念念不忘，昨天无论是辉煌还是黑暗，都已经成为历史。作为已经翻过去的一页，我们何必要花费精力去自责，去悔恨呢？把握好今天，要为了明天而准备，而不是为了昨天而哭泣。

在通往成功的道路上，或许荆棘丛生，或许障碍重重，可是，所有的这一切都是可以战胜的，关键是你是否具备了战胜它们的决心。昨天的荆棘丛林已经走过，即使伤痕累累，也不能代表我们无法跨越这条路。勇敢地走下去，伤在昨天，勇于今天，那么成功就在明天。

45 不能快乐地生活，也就不会
明智地、正直地、富裕地去生活。

——（古希腊）伊壁鸠鲁

其实，幸福离我们并不遥远，只要你有一颗肯快乐的心，就一定能够看到幸福的存在。你要做的是，掌控好自己的心舵，支配自己的命运，寻找自己的快乐。

人快乐的程度多半是由自己决定的。快乐，是精神和肉体的朝气，是希望和信念，是对自己的现在和未来的信心，是一切都该如此进行的信心。

快乐并不是遥不可及的东西，重要的是你要在自己的心里留给快乐一块田地。

快乐是一种心态，一种心灵的满足。拥有快乐，才能拥有富裕、幸福的生活。

伊壁鸠鲁（公元前341—公元前270）：古希腊哲学家、无神论者，伊壁鸠鲁学派的创始人。他的学说的主要宗旨是要达到不受干扰的宁静状态。

46 使人疲惫的不是远方的高山，
而是鞋子里的一粒沙子。

——（法国）伏尔泰

使人疲惫的不是远方的高山，而是鞋子里的一粒沙子。

挫折坎坷、暂时的不幸、悲伤痛苦以及其他一些琐碎的事情都可能成为这样的一粒沙子。

现实生活中，将你击垮的有时也许并不是那些巨大的挑战，而是一些非常琐碎的小事。当一种东西小到不是你的对手时，你更应该格外小心。因为，它也许就是让你一败涂地的"一粒沙子"。

也许你曾有过这样的体验：当一场灾难或祸事突然降临时，你会因恐惧、紧张，而本能地产生出一种巨大的抗争力量。然而，当困扰你的是一些鸡毛蒜皮的小事时，你可能就会毫不在意，因为你觉得它不会影响到什么。然而，正是这些看似微不足道的小事，却能无休止地消耗你的精力，最终将你"置于死地"。

为了能顺利赶路，为了成功到达最后的终点，我们有必要学会随时倒出鞋子里的那粒沙子。

47 每个人都有错，但只有愚者才执迷不悟。

——（古罗马）西塞罗

"人非圣贤，孰能无过"，知过而自新，才能修身养德。

绝对的圣人是不存在的，人人都有犯错误的时候。所以，不肯承认自己错误的人，是不是应该反思一下，你的执迷不悟是否正确。

人们常说："人不能被同一块石头绊倒两次。"其实，对于执迷不悟、不知反省的人来说，不要说两次，可能一辈子都会被同一块石头绊倒。因为他的执迷不悟，让他永远也不知道绊倒自己的究竟是什么。

人，要学会"静坐常思己过"。想要提高自己，就必须不断发现自身的错误，这样才能不断改进，不断进步。人，只有在错误中学习成长，才会让自己越来越好！

48 春是自然界一年中的新生季节，而人生的新生季节，就是一生只有一度的青春。

——（古罗马）西塞罗

一年之计在于春。春天，是万物复苏的季节；春天，是万物新生的季节。

同样，纵观人的一生，最美好、最美丽的一段时光也是青春。

青春之所以美好，是因为青春里有希望、有憧憬、有爱情、有活力；青春之所以美丽，是因为青春里有风景、有感动、有诗歌、有鸟语花香。

青春是什么？我认为，青春就是青春，是跟生命同样沉重的东西，可能就是很多人一辈子唯一有意义的那段时光。

青春是一曲纯真壮阔的骊歌，是一首清新动人的小诗，是猜想与智慧迸发的年轻力量。

49 别再浪费生命，将来在坟墓里有足够的时间让你睡觉。

—— （美国）富兰克林

不要在一定会后悔的地方上浪费你的生命。你什么时候放下，什么时候就没有烦恼。每一种创伤，都是一种成熟。

明天的成功始于今天的脚下，一步一步地积累，以分秒作为自己生命的度量衡。

你的时间有限，所以不要为别人而活，不要被教条所限，不要活在别人的观念里，不要让别人的意见左右自己内心的声音。最重要的是，勇敢地去追随自己的心灵和直觉。只有自己的心灵和直觉才知道你自己的真实想法，其他一切都是次要的。

50 希望是坚韧的拐杖，忍耐是旅行袋，携带它们，人可以登上永恒之旅。

——（英国）罗素

人生就是一个诠释的过程，生活中有很多事情需要你去寄予希望，去收获希望。

太阳每天都是新的，当你迷茫时，当你失意时，当你无助时，当你寂寞惆怅时，为何不给自己一个希望？冲破黎明前黑暗的第一缕阳光，正是光明寄予万物的希望。

希望，是生活当中的阳光，是生命当中的甘泉，是人生快乐的音符。我们一定要给自己一个希望，只有这样才能学会从容地面对生活中的各种问题，更深刻地理解和把握人生。才能够在漫长的人生旅程中，多一份成就，少一份遗憾；多一份快乐，少一份烦恼。

人的一生，只有希望是不够的，还需要有忍耐。生活中，无论是谁，为了更好地生存和发展都在默默忍耐许多。

夜晚忍耐黑暗就是为了迎来灿烂的明天，严冬忍耐寒冷就是为了看到春天的美丽。而我们，面对或多或少的不如意，多忍耐一些，才会有人生的丰收。

忍耐和坚持是痛苦的，但它会逐渐给我们带来好处。忍耐能够磨炼人的意志，使人处事沉稳，面临厄运泰然自若。

忍耐是一种理智，忍耐是一种成熟，忍耐是一种追求的韧性，忍耐是一种智慧，忍耐是一种成事之方。忍耐不是懦弱，而是一种自我控制的能力，一种审时度势的智慧，一剂保全自己的良方，一种主动收缩的调整，一种以退为进的策略，一种经历挫折的持重。忍耐让人生不断蜕变。

罗素（1872—1970）：英国世袭贵族之姓，后成为英国男性常用名，意为"勇敢的人"或"红色的小动物"。罗素贵族家族除了第一代约翰·罗素勋爵外，还有赫赫有名的第三代伯特兰·罗素伯爵。后者是20世纪英国哲学家、数学家、逻辑学家、历史学家，诺贝尔文学奖获得者，分析哲学创始人之一。

51 青年时期是豁达的时期，应该利用这个时期养成自己豁达的性格。

——（英国）罗素

人生就像一首诗，有甜美的浪漫也有严酷的现实；人生就像一支歌，有高亢的欢愉也有低旋的沉郁；人生就像五彩绚丽的舞台，有众星捧月的主角也有默默无闻的配角。面对世事沉浮，想要"胜似闲庭信步"，就得有豁达的胸襟。

一般认为，豁达是一种人生的态度，但从更深的层次看，豁达却是一种待人处世的思维方式，一种性格。

能战胜千百次失败后的沮丧，百折不挠，重新奋起是豁达；不畏讥讽、中伤、打击、陷害，义无反顾，走自己的路，是豁达；到山穷水尽处，仍能眺见柳暗花明，是豁达；勇于承认别人的长处，善于发现和调整自己的短处，是豁达。豁达是人活着的一种因素，是生存的艺术。

豁达是一种超脱，是自我精神的解放；豁达是一种宽容，能做到恢宏大度、胸无芥蒂、纳吐百川，心中就如有一束不灭的阳光，永远晴空万里。

豁达是人生的一种美，一种艺术；豁达是一种风格，一种素养。它坦荡、热情、开朗，它不会为生活中琐碎的小事所困扰，它是一条江、一条河，波涛滚滚直奔大海。

豁达既是对人的一种信任，也是造物主对世界的一种馈赠。

52 人是什么，人应该怎样活着，这是一个问题。

——（古希腊）德谟克利特

我们不是这个尘世永久的房客，而是过路的旅客。因此我们对于人生可以抱着比较轻快洒脱的态度。既然人生而必死，什么也带不走，因此对于世间的一切就不必太过贪恋。不要活得太累，我们要学会珍惜眼前的生活，珍惜当下的时光。因为生活从来不在别处，只在眼前明明白白的每一分、每一秒。

生命如流水般消逝，一去永远不复还。一个人只有真正认清了生命的意义、生命的方向，好好地活着，才能懂得主宰自己的命运，才能懂得自己的生命。

德谟克利特（约公元前 460—公元前 370）：古希腊的属地阿布德拉人，古希腊伟大的唯物主义哲学家，原子唯物论学说的创始人之一。

53 没有目标而生活，恰如没有罗盘而航行。

——（德国）康德

　　没有目标的人生是空虚的。人一旦失去目标，就会觉得飘摇不定，迷茫不已。漫无目的地游荡只会让自己的内心充满惶恐，因为你永远不知道你的下一步要做什么，要到哪里。空虚无聊的日子会让你忧愁不已。

　　没有目标，人生就失去了方向，如同一只在茫茫大海中航行的船，只能盲目航行，终有触礁的一天。

　　当你选择了人生的理想之后，如果你不能辨清前进的方向，那么你的努力一定是盲目的，而盲目的努力不仅不会得到预期的效果，甚至还会让你为之付出惨重的代价。所以人活着一定要有目标，有了目标，人生轨道才不会偏离。目标就像一张地图，指引你到达你想去的地方。

　　目标对于人生的意义，就在于它是人一生活动的中心，所有的活动都是围绕它进行的。只有有了人生目标，我们才不会无所事事，生活才不会浑浑噩噩，才能够在目标中获得成就，实现自己的人生价值。

康德（1724—1804）：德国哲学家、天文学家、星云说的创立者之一。德国古典哲学的创始人，不可知论者，德国古典美学的奠定者。

54 坏习惯不加以抑制，不久它就会
变成你生活上的必需品了。

——（古罗马）奥古斯丁

习惯是人生的主宰，一个人的习惯往往会掌控一个人一生的命运。

"习惯养得好，终生受其益；习惯养不好，终生受其累。"好的行为习惯一旦养成，将受益终生；而坏习惯、坏毛病一旦播种，往往难以清除。毛病不是错误，却是错误的根源。

每个坏毛病都有其巨大的惯性，久而久之，就成为一种坏习惯。而成功和失败都源于你所养成的习惯。

一旦养成了一种坏习惯，将一辈子受这种坏习惯的折磨。坏习惯就像是我们行驶在岁月之海上的理想之轮里的老鼠，早晚有一天会把船底啃穿，使其在不知不觉中沉没。

坏习惯会导致人们失败，坏习惯是妨碍成功的泥潭。我们要养成良好的习惯，矫正那些不良的习惯。

从现在开始，每天克服一个坏习惯，每天进步一点点，成功就这么简单！

奥古斯丁（354—430）：古罗马帝国时期基督教思想家，欧洲中世纪基督教神学、教父哲学的重要代表人物。

55 失足，你可能马上复站立；
失信，你也许永难挽回。

——（美国）富兰克林

"人无信不立"，诚信是人格中不可缺少的一部分。如果说人生是一次征途，那么诚信就是每个路口的通行证。只有当你有了通行证，才能让你顺利地进入下一个关口，直到征途的完成。

也许你会发现，在人类面纱下，最迷人的原来是那最没有矫饰、最朴实不花哨的诚信！你还会发现，没有诚信，生活原来是那样索然无味。

人生有了诚信，就如同野外的小草有了阳光雨露的滋润，才会茁壮成长；人生有了诚信，就像大海中航行的船只有了方向的指引，才会乘风破浪，一路向前。

诚信是一轮万众瞩目的圆月，唯有与莽莽苍穹对视，才能沉淀出对待生命的真正态度；诚信是高山之巅的纯净水源，能够洗尽浮华，洗尽躁动，洗尽虚伪，留下启悟心灵的真谛。

诚信是一种美德、一种修养、一种品格、一种灵魂深处散发的清香。人，只有拥有诚信，才会立足于人世；人，只有拥有诚信，才会拥有更加广阔的发展空间，才会有更大的舞台让你施展。

56 闲暇就是为了做一些有益事情的时间。

——（美国）富兰克林

在喧闹的人群里，你听不见自己的脚步声。

生命不应该只是疲惫的奔波，而应该是一次美好的旅行。既然是旅行，就不要一直走，而是要时走时停。走的时候，是为了到达另一个境界；而停的时候，是为了更好地享受人生，也是为了更好地做一些有益的事情。

闲暇应该是生活中的一种散步，是在长途负重跋涉后身心彻底放松的休憩。

闲暇，是"采菊东篱下，悠然见南山"的恬淡心情，它强调的是对身外功利的一种遗忘。

真正懂得闲暇的人，是那些思想的探索者。他们在苦苦寻觅之后，也会驻足小憩，为生命找到一片草坪，把自己当作一床被子，静静地晾晒在阳光和微风间。

真正懂得闲暇的人，是那些心灵的朝圣者。他们在苦苦跋涉之后，会放下行囊，让心灵找到一片天空，把自己当作一只风筝，悠悠地放牧在白云和蓝天下。

闲暇不是无所事事，闲暇就是为了做一些有益的事情的时间。

57 人的一生是短的，但如果卑劣地
过这短的一生，就太长了。

——（英国）莎士比亚

　　人人都希望自己的人生可以更长一些，最好是能活多久就活多久。而事实上，不是生命的长度决定其厚度，而是生命的厚度决定其长度。重要的不是你活了多久，而是你做了多少有意义的事情。

　　活得够长，不一定活得够好，但是活得够好，就是够长了。

　　人生是不可预测的，世事无常，不知在什么时候人的生命就要终止了。所以，"正因为人生无常，才更要加倍努力追求正道"。

　　生命就是一个过程，过程是一种不可缺少的美丽。在这个过程中我们体验追求的快乐与苦涩；品味每一分钟的生命历程，感受生命中的每一个甜蜜甚至痛苦的时刻。不管最后我们收获的是成功还是失败，我们都无怨无悔，因为我们真真实实地享受了生命中的每时每刻。

　　生命有限，时间无限，只要你懂得珍惜，时间将让你的生命延长。

58 绝望毁掉了一些人，而傲慢则毁掉了许多人。

——（美国）富兰克林

在人生漫漫的旅途中，失意并不可怕，受挫也无须忧伤，只要心中的信念没有萎缩，一切都可以重新焕发出勃勃生机。

人生最重要的事情就是：永远不要放弃希望。你可以失败一百次，但你必须一百零一次地燃起希望的火焰。人只要心存希望，就一定可以战胜任何困难，去你想去的任何地方，做你想做的任何事情。

富兰克林告诉我们：不要绝望，更不要傲慢。

我们都知道骄兵必败。人一旦骄傲起来，纵有天大的本领，都会"独木不成林"，什么都做不好。骄傲自大，是我们走向成功的大忌。

人千万不可傲慢，那会让你失去你所拥有的才能。一个人若不致力于成长，便会趋于死亡；若不往上攀升，便会向下滑落。

你若青涩，便还能成长；你若熟透，便将腐烂。由低到高是一个积聚的过程，由高到低却是一个倾泻的过程。假如你走的是一条由高到低的路，那只能越走越一无所有。

让自己拥有别人拿不走的东西

既然我们想要拥有成功，那么就要肯定自己的优秀。只要我们肯挖掘，肯努力，一定可以超越他人，使自己真正成为最优秀的人。

59 快乐操之在我。

——（古希腊）亚里士多德

人生，无法预料，幸福与快乐都在自己的掌握之中。你不能控制别人，但你可以掌握自己。

亚里士多德说："快乐操之在我。"不是因为财富、事物和单一事件，而是因为你知道你能有创意地去处理人生的遭遇——不管是好是坏。快乐的起源就在于你选择过日子的方式。

自己的快乐是由自己控制的，你可以在自己的生活过程中寻求到属于自己的快乐。真正的快乐，是追求理想的过程，是充满温暖的笑容，是五彩斑斓的美丽，是通往梦想路上的体会，是在有限的生命中做出无限的、有意义的事情。这一切，你都是可以带给自己的。

快乐是自己创造的，是由自己决定的，不是别人给你的。所以，我们应该保持一个善于发现快乐的心，用自己的努力去实现自己的梦想，在实现梦想的道路上体会痛苦，体会欢乐，体会人生百味，最终你会得到属于自己的快乐。

要知道，在这个世界上，没有绝对幸福的人，只有不肯快乐的人。

亚里士多德（公元前384—公元前322）：古希腊斯吉塔拉人，世界古代史上最伟大的哲学家、科学家和教育家之一。是柏拉图的学生，亚历山大的老师。马克思曾称他是古希腊哲学家中最博学的人物，恩格斯称他是古代的黑格尔。

60 快乐往往在你为着一个明确的目的忙得无暇顾及其他的时候突然来访。

——（古希腊）苏格拉底

快乐就是你在为实现自己目标的过程中，收获的最好礼物。当你把自己所想的事情慢慢变成现实的时候，那是怎样的一种满足。

人生最大的快乐，莫过于把自己的理想变为现实，实现自己的人生意义。

快乐，是一种感受，它取决于自己的态度。就算你拥有亿万财富，如果没有善于快乐的心态，依然不会快乐；即使你并不富有，但是你有一颗善于发现快乐的心，那你依然会很快乐。

快乐，是需要付出才能体会到的，不劳而获的快乐是不会长久的。人最怕的就是心灵的空虚，真正的快乐是建立在充实、有意义的人生之上的。

快乐是一种心灵上的满足，快乐是一种精神上的愉悦。快乐其实很简单，只需我们时刻保持一个积极乐观的心态，只要我们拥有自己为之奋斗的目标，快乐便会突然来访。

苏格拉底（公元前 469—公元前 399）：古希腊思想家、哲学家、教育家，他和他的学生柏拉图，以及柏拉图的学生亚里士多德被并称为"古希腊三贤"，更被后人广泛认为是西方哲学的奠基者。

61 金钱好比肥料，如不撒入田中，本身并无用处。

——（英国）培根

你一定听过这样一句话：金钱不是万能的，没有钱却是万万不能的。由此可见，金钱在人们心目中的地位是至高无上的。其实，金钱只是人们之间交换物品的媒介，人实在不应该成为金钱的奴隶，更不应该把赚钱当成人生的目标。

"金钱好比肥料，如不撒入田中，本身并无用处。"

的确如此，金钱是我们衣、食、住、行的保障，没有金钱，我们无法生活。但金钱也不是越多越好，它的作用仅仅是为了让你保证衣、食、住、行，而不是衡量幸福的工具。

拥有金钱的多少，并不是决定你快乐与否的真正原因。

快乐较多依赖于心理，较少依赖于物质，更多的钱财不会使快乐超过有限钱财已经达到的水平。其实，物质所能带来的幸福快乐终归是有限的，只有精神的幸福快乐才有可能是无限的。

什么都想得到的人，结果可能什么都得不到。一个平淡对待自己生活的人，却可能会意外地得到惊喜。

62 钱财并不属于拥有它的人，
而只属于享用它的人。

——（美国）富兰克林

金钱的命运，完全取决于支配它的人的行为。做金钱的主人还是做金钱的奴隶？是一辈子都在金钱的泥沼中挣扎，还是让金钱成为我们幸福快乐的源泉？这是值得我们每个人认真思考的问题。

当你成为金钱的奴隶时，你就会迷失自我；而当你把金钱看作生活的工具时，你就会接近幸福。金钱对守财奴而言，只是一串数字而已；而对有理智的人而言，应该是随时可以支配的物质力量。金钱本身是没有任何力量的，它完全因掌控者的力量大小而释放自身的力量。因此，我们没有理由责怪金钱的善变和易逝。只有掌控者领会了金钱的真谛，懂得享用金钱，才能做到"不以物喜，不以己悲"。

能够正确认识金钱，是一种智慧。能够冷静地对待金钱，知道金钱应该何去何从，更是一种智慧。人最难做到的就是以平常心对待金钱。对金钱最好的心态是得亦不喜，失亦不悲。

63 **金钱是好的仆人，却是不好的主人。**

——（英国）培根

有人说：金钱并不就是幸福，一个人即使贫穷也能幸福。虽然金钱是一种有用的东西，但是，只有在你觉得知足的时候，它才会给你快乐，否则的话，它除了带给你烦恼，使你内心失衡外，毫无意义。

有人将金钱视为罪恶的源泉，其实，金钱本身并没有错，错的仅仅是人们对于金钱的态度。

假如只把追逐金钱作为人生唯一的目标，人就会变成一种可怜的动物，就会被金钱这种自己所制造出来的工具捆绑起来，不得自由。对待金钱必须要拿得起、放得下。赚钱是为了活着，但活着绝不是为了赚钱。

金钱并不是唯一能够满足心灵的东西，虽然它能为心灵的满足提供多种手段和工具。在现实生活中，人不能只顾赚钱而忘了生活，也不能为了金钱，拼命存钱，不舍得花钱。

节俭是一种美德，但过于节俭就是一种吝啬。吝啬是一种心理疾病，使用金钱过于吝啬，就容易被金钱所驱使，这是身为人的悲哀。不管什么时候，我们都应该成为金钱的主人，而不应做金钱的奴隶。我们要驾驭金钱，让金钱帮助我们生活得更快乐，成为我们生活的手段，而不是我们生活的全部目的。

64 青年时鲁莽，老年时悔恨。

——（美国）富兰克林

鲁莽指说话做事不经过考虑，轻率。

有人说：强者控制自己的情绪，而弱者则让情绪控制自己。

控制不住自己的情绪，鲁莽行事的人其实就是自己和自己过不去，因为这种行为会给自己带来更多的麻烦。

鲁莽，不仅得罪朋友，得罪其他人，也会让自己变得不快乐。所以，我们要在关键时刻控制自己的情绪，让一切恶果消失在萌芽之中。我们要学会远离那些忧郁、悲痛、焦虑等不良的情绪，我们要善于疏导自己的情绪，增强自己的承受力。

人无自律，必有后患。自律是一种精神、一种品质，是一个人内在修养的体现。也许有时自律是件很痛苦的事，但这种痛苦是暂时的，如同肿瘤，切除时会感到痛苦，但过后你将面对的是生命的延续、长久的幸福。

情绪是自己的，控制好它，会为你带来无穷益处；控制不好，将会让你后悔终生。

65 外表的美只能取悦一时，
内心的美才能经久不衰。

——（德国）歌德

言行是一面镜子，映出的是自己的心灵。心灵美则言行美，心灵美人生才会更美。

富有爱心的人，不但自己生活得开心快乐，也能感染其他人，感染那些麻木了的、尘封了的、变形了的心灵。

也许，你没有值得炫耀的地位，没有显赫的声名，没有更多的财富，但在精神上，你却是天使。

人们总是喜欢用衣着、金钱、地位、权力来区分穷与富，却忘了用心灵的尺度来衡量。一个富有的人，未必会有一颗仁慈、宽容、善良的心，而一个穷困的人也未必不会拥有这样一颗心。让我们去发现生活中真正的高尚和美丽吧，用你我的心灵。

66 成功的秘诀，在于永不改变既定的目标。

——（法国）卢梭

人在奋斗的过程中，可能会因为条件的限制而困难重重，也可能会遇到各种各样的干扰而举步维艰。这些困难和干扰有时就像山一样横亘在我们前进的道路上，让我们难以跨越。

其实，更多时候束缚我们的并不是我们生存的环境，而是我们自己的心。只要我们相信自己，并且不断为之努力，就一定可以为自己争得不一样的命运。

想要成功，我们就不能望山退步，必须翻山而行。人生需要目标，有了目标就有了努力的方向。勇于追求自己的理想，对任何事情都要充满热情和希望。世上没有做不成的事，只有做不成事的人。

人生其实就是一次最有意义的探险。面向追求的目标艰苦跋涉，即使困难重重，即使是身处荒凉的沙漠之中，只要拥有良好的心态，注重目标，满怀信心，坚持往前走，每天有所进步，也会找到美丽的繁星。

67 不能制约自己的人，不能称之为自由的人。

——（古希腊）毕达哥拉斯

早在两千多年前，我国著名的哲学家老子就说过："胜人者有力，自胜者强。"意思是说，能够战胜别人的人，只是有力量而已，能够战胜自己的人，才是真正的强者。

这里所说的战胜自己，就是要能够控制自己的行为。正因为我们的言行受到情绪的影响太大，所以，在很多情况下，我们所做出的行为并非出自本心。当我们平静下来的时候，也会为自己的行为感到后悔。所以，我们必须用理智克制情绪，用理智来约束自己的行为，越是在情绪波动的时候，越是要保持理智。

冲动是魔鬼，是难以控制的魔鬼，如果我们不能控制自己的冲动，那么必然要为自己冲动的后果负责。因此，一个人的成就有多大，与他能够在什么程度上控制自己的行为有很大的关系。

情感自治就是自己能够管理和左右自己的情绪，不让情绪像一匹脱缰的野马，拉着自己身体这架马车狂奔。自己管理自己的情绪叫自治，不能自治你将被治。自治是自由的，被治是不自由的。最大的幸福是自由，自己能够管理自己的情绪就能获得自由。

68 缄默和谦虚是社交的美德。

——（法国）蒙田

自命不凡是我们的一座恐慌的陷阱，并且这个陷阱是我们自己亲手挖掘的。

骄傲是一种不良的心理状态。一个骄傲的人，结果总是在骄傲里毁灭了自己。因而我们应该永远记住"谦虚使人前进，自满使人落后"这个真理。

诗人鲁藜曾说："还是把自己当作泥土吧，老是把自己当作珍珠，就时时有被埋没的痛苦。"如果在一个群体里，老把自己当作主角，别人不仅不会接受，反而会嘲笑你。要知道，地球离了谁都照样转，看轻自己，以平和的心态面对人生的种种，才能平稳地度过自己的人生。

天地之大，一个人拥有得再多也是微不足道的，所以我们应该以一颗谦卑的心来面对所有的成绩和荣誉，而不是到处炫耀。这样才能得到他人的尊重。

不自以为是的人，才能够对事情判断分明；不自夸的人，他的功劳才会被肯定；不骄傲的人，才能够成就大事。

泰戈尔说过："当我们大为谦卑的时候，便是我们接近伟大的时候。"的确如此，谦虚是做人的必要条件。让我们时刻记住"满招损，谦受益"这句话，时刻记住要有一颗谦虚的心，只有这样，你得到的才会更多！

69 不要忽视你的身体的健康，饮食、动作须有节。

——（古希腊）毕达哥拉斯

人生的各个要素：金钱、地位、财富、事业、家庭、子女都是"0"，只有身体健康才是"1"。拥有健康就有希望，就拥有未来；失去健康，就失去了一切。

健康，就是你一旦失去它的时候，才惊觉它曾经存在着，你才知道本来是应该珍惜它的，你才明白过去对健康实在是太忽视了，你才想到健康原来和你竟是那么不可分离。

如果我们每个人都能够根据自己身体上的需要，给予适当的饮食、充足的休息、新鲜的空气和阳光，就能为人体这部机器的正常运转提供能量。

如果你有志于成功，你就必须让自己保持充足的体力，把充沛的体力用在必要的事情上，一步一步迈向成功。

黄金有价，生命无价，健康是维持生命的根本。为了拥有健康的身体，我们要做到合理饮食、合理锻炼。

70 节约与勤勉是人类两个名医。

——（法国）卢梭

　　人是具有享受朴素的生活方式的天性的。只有朴素的生活方式，才能让人撕下伪装的面具，洗尽铅华，感受心灵的宁静与大自然的空灵；只有在朴素的生活中，才能脱离物质造成的"乱花渐欲迷人眼"的处境，不断丰富自己的内心世界，更加深刻地体验生活，感受生活的幸福。

　　同样，勤勉也是人类不可或缺的。因为每一个人的才能都不是天生的，而是靠自己的勤奋努力得来的。成功来自勤奋，勤奋熔铸未来。只有让勤奋坚实前进的步伐，才能踏平坎坷大道，送走晚霞迎日出；只有让勤奋升起远航的帆，才能长风破浪会有时，直挂云帆济沧海；只有让勤奋伸展梦想的翅膀，才能大鹏一日同风起，扶摇直上九万里。

　　天下没有免费的午餐，天下也没有掉馅儿饼的美事。庸庸碌碌的人，永远只能对别人胜利的果实垂涎欲滴，而自己却尝不到果实的香甜；只有那些勤奋拼搏的人才能到达理想的彼岸。

71 优秀是一种习惯。

——（古希腊）亚里士多德

有的人向往优秀，但不付出实际行动，优秀不会光临他；有的人很优秀，但是他不知道现在的优秀是为了将来的成就，所以他养不成这种习惯。优秀属于把勤奋习惯化的人。只有勤奋，多用功，才有可能优秀。

当所有优良的行为成为习惯，就会汇聚成最优秀的你，而你也会习惯性地优秀。

拿破仑曾经说过："成功和失败都源于你所养成的习惯。"习惯极大地影响着人类的行动。没有好习惯，很难成功；没有坏习惯自然也不易失败。习惯是由一个人行为的累积而定型，它决定人的性格，进而成为人生的重要因素。总而言之：行为改变习惯，习惯养成性格，性格决定命运。

从每一个细微之处都努力做到优秀，让它成为习惯，你就能够成为一个优秀的人。

当一件有意义的事情被你重复地做时，就慢慢变成习惯；当好习惯积累了很多时，你就成为优秀的人。

从现在开始，让优秀成为一种习惯吧！

72 人的生活离不开友谊，但要得到
真正的友谊才是不容易。

—— （德国）马克思

炎炎夏日，友谊似一杯凉茶，为你我降温解暑；秋风瑟瑟，友谊如金灿灿的黄叶，成为一道美丽的风景线。

友谊是心中深深的眷恋，友谊是跟友人相连的一根心弦，缠绵不断，源远流长，谱写出一首首悠长而又耐人寻味的高歌。

友谊是人与人之间长久相处建立起来的情谊，是在交往中相互信任建立起来的感情。

有位哲人这样评价友谊："得不到友谊的人，将是终生可怜的孤独者；没有友情的社会，只是一片繁华的沙漠。"可见，友谊在人生道路上起着重要的作用。

真正的朋友是经得起时间长河的淘洗的，忠诚是朋友间流通的唯一货币。

马克思（1818—1883）：马克思主义的创始人，第一国际的组织者和领导者，全世界无产阶级和劳动人民的伟大导师。伟大的政治家、哲学家、经济学家、革命理论家。主要著作有《资本论》《共产党宣言》等。

73 没有目的，就做不成任何事情；目的渺小，就做不成任何大事。

——（法国）狄德罗

　　拥有成功的人生其实就是一个由此岸到彼岸的过程，只有知道自己想要停泊的彼岸在哪里，才能以最快的速度到达。

　　没有目的地做事情，就会让人变得飘摇不定，迷茫不已。漫无目的地游荡只会让自己的内心充满惶恐，因为你永远不知道你的下一步要做什么，要到哪里，空虚无聊的日子会让你忧愁不已。所以，我们应该给自己的人生一个目标，只有这样，人生才会充实，才可以让生活有滋有味。

　　心有多大，舞台就有多大；梦想有多大，我们就能走多远。

74 每天告诉自己一次："我真的很不错。"

——（古希腊）柏拉图

一味地自怨自艾，只能滋生失望的心理，戕杀可怜的自信心；一味地忏悔内疚，只能自添忧郁烦闷，愈发消极悲哀；如若反复玩味挫折，咀嚼逝去的痛苦，只能更加心灰意冷，踏步不前。

拿破仑说："不想当将军的士兵不是好士兵。"

还有人说："谁把当总统的理想保持50年，那么他就一定能够成为总统。"

一个人只要相信自己是最棒的，那么，他就能成为自己希望的那样的人。

这就是自信的魅力。

只有自信，才能够让我们感觉到自己的能力，其作用是其他任何东西都无法替代的。而那些软弱无力、犹豫不决，凡事总指望别人的人，正如莎士比亚所说："他们体会不到也永远不能体会到自立者身上所焕发出的那种荣光。"

在人生的大舞台上，每个人都是自己岗位上的主角。因此，我们不要总是被别人的言论所操纵，而要相信自己，肯定自己，每天告诉自己一次："我真的很不错。"

75 世界未有比真诚人更为可贵的。

—— (古罗马) 西塞罗

若让虚假占了上风，你就会失去真诚。在人的一生中，没有比享受真诚更令人幸福的事情了。

真诚，使人与人之间增添了无穷的精彩和乐趣。拥有真诚就拥有阳光、拥有明天；而失去真诚，则失去美、失去爱，直至失去灵魂。

真诚不是智慧，但是它常常放射出比智慧更诱人的光泽。真诚就像一块敲门砖，坦诚的态度和言行往往能够打动人心，使对方愿意与你做朋友。

待人应真心地对待每个人、每件事，而不拘泥于条条框框；处理事情应当根据具体情况，有弹性地分别对待，才能取得好效果。正如古语所说："君子如水，随圆就方，无处不自在。"

现实生活中，无论经商还是处世，首先要让人感受到诚信。以信为本，做人除了必须诚恳之外，还必须圆通灵活，这并不是教人圆滑狡狯，而是教人做事要有弹性。

真诚是一个人踏入这个世界的通行证。一个真诚的人是真正有力量的人，他对人对事皆出于真心，不会为了牟取私利而虚伪做作，自然能赢得大家的尊敬。

76 你最珍重的品德是什么？——朴素。

——（德国）马克思

朴素，是中华民族的传统美德。

早在900多年前，司马光就以亲切的笔调写下了《训俭示康》，告诫其子司马康要"以俭素为美"，不要"以奢靡为荣"。

这个告诫，今天的我们仍然适用。

生活的富裕，让很多人变得过分追求享受，挥霍浪费钱财。当然，这其中也多了很多攀比的成分。

攀比，是一种虚荣心理；攀比，是一种盲目心理。过分攀比只会让你越陷越深，感觉不到平淡的幸福。要知道，没有了比较，粗茶淡饭一样香甜。

古人说："保持心情的宁静，只要稍微宁静下来，你眼前的一切就会是完全不同的情形。"所以，获得幸福的最有效的方式，就是避免去追逐它，活出真实的自己。

不该想的别去想，不该比的不要比；看现状，心知足，多生乐，少生气，"难得夕阳无限好，何须惆怅近黄昏"。

非淡泊无以明志，非宁静无以致远。不做作，不虚饰，洒脱适意，虚怀若谷。不为虚荣所诱，不为一切浮华沉沦。

77 世界上没有两片完全相同的树叶。

——（德国）莱布尼茨

世界上没有两片完全相同的树叶，同样，世界上也没有两个完全相同的人。你就是你，是独一无二的你。

每个人都有自己的特点，都有属于自己的事情要做，你根本不需要去模仿别人。别人的东西虽然好，却未必适合你。别人的缺点，也许恰恰是你的优点。人，只有找到属于自己的位置，才能最大限度地发挥自身的优势，实现自身的价值。与其羡慕别人、模仿别人，倒不如简简单单地做好自己，找到自己真正的优势所在，尽自己最大的努力去实现梦想。

每个人都有自己的活法，没必要去复制别人的生活。幸福没有标准答案，快乐也不止一条道路。收回羡慕别人的目光，反观自己的内心。自己喜欢的活法，才是最好的活法。

肯定自己存在的独特性，品味自己的独特性，发挥自己的特性，真正地做回自己，人生才是美丽的、快乐的。

莱布尼茨（1646—1716）：德国最重要的自然科学家、数学家、物理学家、历史学家和哲学家，是一位举世罕见的科学天才，和牛顿同为微积分的创建人。

78 读一切好书，就是和许多高尚的人谈话。

——（法国）笛卡尔

一本好书，如同最精美的宝器，珍藏着许多思想的精华；一本好书，如同丰盛的美食，蕴含着许多营养的精华。

读一切好书，就是在和许多高尚的人谈话。当你徜徉于唐诗宋词里时，你会觉得正在和李白、苏轼对酒当歌；当你漫步于那些长篇小说里时，你会觉得像是坐在托尔斯泰、巴尔扎克面前听他们诉说；当你步入哲学的殿堂时，你会觉得是在听爱默生、黑格尔讲课。

书是人类进步的阶梯，书是贮存知识的宝库，书是屹立在知识海洋中的灯塔！

笛卡尔（1596—1650）：著名的法国哲学家、科学家和数学家。他还是西方现代哲学思想的奠基人，是近代唯物论的开拓者，提出了"普遍怀疑"的主张。他的哲学思想深深影响了之后的几代欧洲人，开拓了所谓"欧陆理性主义"哲学。

79 一个家庭没有书籍，如同这个房间没有窗户。

——（法国）伏尔泰

　　阅读使人充实，交谈使人敏捷，写作和笔记使人精明，史鉴使人明智，诗歌使人巧慧，数学使人精细，博物使人深沉，伦理使人庄重，逻辑修辞使人善辩，书是人类进步的阶梯。

　　读一本好书，可以让我们得以明净如水，开阔视野，丰富阅历，益于人生。人一生就是一条路，在这条路上的跋涉痕迹成为我们每个人一生唯一的轨迹，此路不可能走第二次。而在人生的道路上，我们所见的风景是有限的。书籍就是望远镜，书籍就是一盏明灯，让我们看得更远、更清晰。同时，阅读也让我们知道谁与我们同行，又有谁看到了怎样的风景，我们又该如何进行自我追求与调整。

80 不读书的人，思想就会停止。

——（法国）狄德罗

古人云："三日不读书，便觉面目可憎。"可知读书对塑造人品性的重要性。

读书，使你的内心从无垠的荒漠走向希望的绿洲；读书，使你从寂寞和空虚走向丰富和充实；读书，使你从无聊和烦闷走向宁静和平和。

哈兹利特曾经说过："书潜移默化人们的内心，诗歌熏陶人们的气质品性。少小所习，老大不忘，恍如身历其事。书籍价廉物美，不啻我们呼吸的空气。"

书籍，让我们从野蛮到文明，从庸俗到崇高；书籍，唤醒了我们沉睡的大脑，复苏了我们干涸的心灵。读书，让我们有了思想；读书，让我们陶冶了情操。

你必须广泛地阅读书籍，因为那是一个人生活上不可欠缺的知识来源。

读书可以让你放下俗务，一洗胸襟；可以怡情怡性，远离纷扰。试想，品一杯香茗，读一本好书，寄情于山水，相忘于江湖，这是何等快事，何等惬意之极！

81 书籍是全世界的营养品。生活里没有书籍，就好像没有阳光；智慧里没有书籍，就好像鸟儿没有翅膀。

——（英国）莎士比亚

有人在书本中求真理，有人在书本中求共鸣。但不论怎样，当你手捧一本书时，你翻开那散发着油墨香味的纸张，从指尖滑过去的时间，全都化成知识的力量充斥了你的脑海。读书是最好的爱好，这种爱好会随着时间的不断洗礼使得你的阅历不断地增加，使你的内涵不断地升华，就像金子一样经得起千锤百炼，经得起大浪淘沙。它们会在你生活的角角落落，熠熠生辉。

孤独寂寞时，阅读可以消遣；高谈阔论时，知识可供分享。多读书可以拓宽我们的视野，丰富我们的人生经验，提高我们的智慧和生活品位。

我们应该像热爱生命一样去热爱读书。生命给了我们体会人世种种乐趣的机会，而读书则能帮助我们更加珍惜和明了这种机会的来之不易。

82 人应该尊敬他自己，并应自视能配得上 最高尚的东西。

——（德国）黑格尔

每个人都是最优秀的，差别就在于如何认识自己，如何发掘和欣赏自己。

"当局者迷，旁观者清。"世人总是能够清醒地认识到别人的优秀，却总是忽略了自身的优秀，因而我们中的大多数人都习惯于仰起头去膜拜那些优秀的人，而不去挖掘自身的优势。

有时成功离我们很近，但最后我们却被成功抛弃，只是因为我们不相信自己。我们忽略了自己的优秀，不敢再为自己争取任何机会，不敢再去挑战人生的高峰。

既然我们想要拥有成功，那么就要肯定自己的优秀。只要我们肯挖掘，肯努力，一定可以超越他人，使自己真正成为最优秀的人。

83 小不忍则乱大谋。

——（中国）孔子

　　困惑、逆境、迷茫、挫折、孤独……几乎每个人在人生的旅程中都经历过这些无奈。当你不甘心命运的安排但又不能扼住命运的咽喉时，你必须学会忍耐。

　　人的一生，一半是事实，一半是愿望。愿望只存在于心中，事实才在脚下。然而，无论是事实还是愿望，人都要忍耐。为生活，为理想，为志向，都要忍受着。忍辱负重固然苦，但人只有长久地卧薪尝胆，才能不鸣则已，一鸣惊人。

　　忍耐是在平凡中表现得不平凡、在消极中表现得积极、在无备中表现得有备的一种处世智慧。

　　忍耐是一种明退暗进，更是一种蓄势待发。有句老话说得好："人藉性情可以奏功，有如人藉才能可以成功。"性情和才能，一半出于自然，一半则可自己磨炼。要能成功，不可不忍耐，唯"忍"可以制胜一切，表现出坚韧不拔的精神。

　　然而，忍耐的过程是漫长的，忍受的过程也是痛苦的，但是如果我们经不起忍耐的考验，我们的人生将会是一片苍白和不堪一击。

我们要学会在默默的忍耐中等待春天，在等待春天的过程中养精蓄锐，这就是生命创造奇迹的秘密！

孔子（公元前551—公元前479）：子姓，孔氏，名丘，字仲尼，汉族，东周时期鲁国陬邑（今中国山东曲阜市）人，祖上为宋国（今河南商丘）贵族。春秋末期的思想家和教育家，儒家思想的创始人。

84 习惯就是人生的最大指导。

——（英国）大卫·休谟

　　行为习惯就像我们手里的指南针，指引着每一个人的行动，指引着每一个人前进的方向，也决定着每一个人的命运。

　　切记，不要让坏习惯来掩盖你的美丽。做一个完人很难，只有抛弃不良的习惯，才能使你向完美的人生迈进。

　　昨日的习惯，已经造就了今日的我们；今日的习惯，决定着明天的我们。我们要做习惯的主人，不要让自己成为习惯的奴隶和仆人。要知道，这世上，凡是获得成功的人，都是长期坚持良好行为习惯的结果。

大卫·休谟（1711—1776）：苏格兰哲学家，出生在苏格兰的一个贵族家庭，曾经学过法律，并从事过商业活动。主要著作有：《人性论》《人类理解研究》《道德原则研究》等。与约翰·洛克及乔治·贝克莱并称三大英国经验主义者。

85 缺少谦虚就是缺少见识。

一个人的力量总是渺小的，一个人所知道的极少，所能知道的也有限，总有比自己在某些方面强的人，总有自己不懂的事，那就必须要学、要问，要有谦虚的态度。

谦虚，是成功者的必经之路。真正有才能的人，不用刻意张扬。不露锋芒的刀轻易不出鞘，可未必不是宝刀；锋芒毕露的刀到处伤人，也未必就是一把宝刀。

哲学家苏格拉底，每当人们赞叹他学识渊博、智慧超群的时候，他总是谦逊地说："我唯一知道的就是我自己的无知。"

在任何时候、任何情况下，都不要到处招摇。因为只有具备谦虚的态度，你才可以赢得别人的尊重，得到真挚的忠告，完善自我，不断进步。

谦虚，是一种难能可贵的品德，我们每个人都要养成一种"虚怀若谷"的胸怀，都要有一种"谦虚谨慎、戒骄戒躁"的精神。

谦虚，是一种美德，一种修养，一种高尚的情操，所以高尚的人必然谦虚。谦虚是一种境界，一种海纳百川的胸襟，一种睿智的情怀，更是一条获得成功的金光大道。

86 勤奋是好运之母。

——（美国）富兰克林

"天行健，君子以自强不息"，天能够恒久存在，就是因为它不停地在动，更何况我们人呢?

勤为成事之本，世上的任何事情，都不是一蹴而就的，如果我们没有"勤奋"的精神，我们的目标就永远不能实现。

懒惰者，缺少的是行动，他们是思想的巨人，行动的矮子。其实，这世上根本没有不劳而获的幸运，幸运只降临到勤奋者身上。等待只会浪费时间，浪费生命，怎会等来幸运。

懒惰，其实就是否定自己。把自己的生命一点点送入虚无，而不想做一次奋斗。一个成功的人，是不会有任何机会让懒惰得逞的。所以我们要时刻提醒自己："成事在勤，谋事忌惰。"

人生路上，只要我们拒绝懒惰，勤奋努力，相信总有一天能够看到成功的曙光。

87 任何人，一旦离开思想，最后剩下的
也只是一堆肉。

——（德国）歌德

帕斯卡尔曾说："人是一棵会思想的苇草。他再脆弱不过，随便一阵风就能将他摧毁；但他又是不可战胜的，因为他有思想。人的全部尊严就在于思想。"

歌德说："任何人，一旦离开思想，最后剩下的也只是一堆肉。"一个人，在他的心里如果没有了思想，他就开始接近于动物，这无异于行尸走肉了。

人无法选择命运，但可以决定自己的思想，间接地又可以决定自己的命运。

管理好自己的思想，让自己的心灵明慧而通达，把自己最充沛的智慧集中于你最擅长的地方，成功便指日可待。

思想有多远，你就能走多远；思想有力量，你的行动才更有力量。

有了思想，便有了一切。

88 老天惊叹细节。

——（德国）黑格尔

西方有句名言：罗马不是一天能够建成的。

细节，往往最容易被人忽视，也往往是最重要的。细节，常以最渺小的姿态，爆发出最强烈的震撼。

成与败有时真的不是差很远，更多时候就只差那么一点点，甚至近在咫尺，绝对能看得见、摸得着。不过，就是这一点点，却是要经过非凡的努力，要靠智慧和勤奋才能获得。

只有深入细节中去，才能从细节中获得回报。

细节是一种创造，细节是一种动力，细节体现修养，细节深含艺术，细节隐藏商机，细节凝结效率，细节产生效益，细节决定成败。

芸芸众生能做大事的人实在太少，大多数人都在做一些具体的事、琐碎的事、单调的事。也许过于平淡，也许鸡毛蒜皮，但这就是工作，是生活，是成就大事不可缺少的基础。

我们只有在细节上严格要求自己，才能让它成为你的得力助手，让你在大局中稳步前进，最终奔向成功。

89 无论何人，若是失去了耐心，就失去了灵魂。

——（英国）培根

达·芬奇画鸡蛋，很简单，照着画就是了，但这需要坐得住的耐心和一丝不苟的态度。

苏格拉底让学生甩手，很简单，甩就是了，但这需要不间断的毅力、恒心和耐心。

简单的事，往往最难做，因为一旦你失去耐心，便会中途放弃。其实，成功的背后就是耐心，就是千百万次的重复和枯燥，但这些重复一旦到了极限，就可能发生质的飞跃。

有人说过这样一句话："在成功的道路上，你如果没有耐心去等待成功的到来，那么，你只好用一生的耐心去面对失败。"

许多失败者的悲剧，就在于被前进道路上的迷雾遮住了眼睛。他们不懂得忍耐一下，不懂得再跨前一步就会豁然开朗，结果在胜利到来之前的那一刻，自己打败了自己。

生活不是速度竞赛。只要你脚踏实地一步一个脚印前进，没有哪条路是走不到尽头的。耐心是苦涩的，但它的果实是甜蜜的。能够耐心就能摆脱一切厄运，战胜一切困难；能够耐心就能掌握自己的命运，达到自己的目的。

90 别的动物也都具有智力、热情，
理性只有人类才有。

—— （古希腊）毕达哥拉斯

人们常把一些人的成功归功于机遇，却不知自己也曾有过成功的机遇，只是由于缺乏理智，才与机遇擦肩而过。

理智为机遇提供思想准备。机遇永远属于那些头脑有准备的人。这里说的头脑有准备就是一种理智状态。

理性表现为一种明辨是非、通晓利害以及控制自己行为的能力。具备这种能力并能自觉保持，或者更深层次地说，当这种能力变成一种理性取向时，它便形成一种性格。具备理智性格的人，性情稳定，思想成熟，想法全面，做事周密，成功的概率很高。

缺乏理智的人由于对社会纷繁复杂的事物不能看清、看透，因而很难做出正确的判断。缺乏理智的人比较盲目，不懂得审时度势，对事物的发展没有深刻的认识，更容易感情用事。遇到突发事件时，缺乏理智的人自控能力比较差，而且事后缺乏责任感。这种人的最大弱点是不冷静，纵使机遇迎面而来，他们也看不清其"本相"。

缺乏理智就意味着思维盲目，头脑处于一种浮躁状态。这样的人，在面对各种机遇时就会难以把握，错失良机。

机遇永远属于理智的人。

91 谁肯认真地工作，谁就能做出许多成绩，就能超群出众。

——（德国）恩格斯

我们来到这个世界上，每个人都想让自己的人生过得有意义，不白在世上走一遭。愿望虽好，但有一个无法回避的事实是：我们首先得生存，得养活自己及家人，在此之上，才能谈到个人的愿望和追求，才能过自己想要的生活。因此，你得有一份工作，并努力干好它，珍惜它。工作在某种意义上是你的立身之本、幸福之源。

事实上，一个人如果能以万分的热情去做最平凡的工作，也能成为最精巧的人；反之，如果以冷漠的态度去做最高尚的工作，充其量也不过是平庸的办事员。

对工作的认识决定了你工作的态度，对工作的态度也就决定了你会怎样去工作。

态度是内心的一种潜在意识，是个人的能力、意愿、想法、感情、价值观等因素的外在表现。世界上没有做不好的事情，只有态度不好的人，而且态度比能力更重要。

只有有了正确的态度，才能够化沮丧、挫败为乐观、自信与成功。

工作的点点滴滴都是我们用心积累而成的。用心工作，工作也将给予我们相应的回报，善待工作也是善待我们自己的生命。

我们每个人的工作都是自己亲手制成的雕像，是美丽还是丑陋，是可爱还是可憎，都是由我们自己创造出来的，正如我们的人生道路是靠自己走出来的一样。

伟大是工作，平凡也是工作，只要你肯认真工作，陶醉其中，就会感到真正的快乐！

恩格斯（1820—1895）：德国思想家、哲学家、革命家，全世界无产阶级和劳动人民的伟大导师，马克思主义的创始人之一。

人生不可用来妥协

92 诚实比一切智谋更好，因为它是智谋的基本条件。

——（德国）康德

中国从古代便流传下来一个"狼来了"的故事，它告诫人们：一个不诚实爱骗人的孩子，最后会失去援救而被狼吃掉。

诚信是一个人的立人之本，是一种美德，更是一种可贵的品质。养成诚信的习惯，是为人处世的基础，是一个人成就大业可贵的资本。不管你做什么事，都要用一颗诚实的心去对待。

诚实的可贵在于持衡，在于慎独；诚实的可贵更在于经得起考验，在于口不叛心。生活中我们自觉诚实，信奉诚实，也同样鄙视虚伪，鄙视谎诈。

正所谓："诚实比一切智谋更好，诚实本身就是最好的策略。"

一个诚实的人，事业容易有所成就；一个诚实的人，容易拥有更多的朋友；一个诚实的人，人生路上更容易成功！

93 不学会幽默和风趣，人就太苦了。

——（德国）康德

人生在世，不如意事十有八九。面对人生的不如意，我们不能消极面对，只有通过某种方式将自己心中的不快化解，才能让自己活得轻松。

倘若能够有一颗聪慧的、幽默的心，便可以化郁闷为动力。在不尽如人意的生活中，幽默能帮助你排解愁苦，减轻生活的重负。用幽默的态度对待生活，你就不会总是愤世嫉俗、牢骚满腹，你也能通过这种幽默的方式学会苦中作乐。

人们常说："笑一笑，十年少。"就是因为幽默能使人发笑，能调节内分泌系统功能，使人体的体液循环、新陈代谢发生变化，能诱发神经系统的兴奋性，以至有益于抗病及抗衰老。

幽默，代表着一种高尚的生活态度，优雅的生活观念。作为一个幽默的人，他不但可以自我消遣，从而排除生活中的各种郁闷、压抑的情绪，而且还能把这种快乐传染给身边的人，从而建立起一种和谐的、健康的生活环境。让生活多一点幽默，多一些惬意，更多一分快乐和健康。

幽默是一种优良的、健康的品质，能使人们平淡的生活充满情趣，是生活的润滑剂和开心果。可以说，哪里有幽默，哪里就有活跃的气氛；哪里有幽默，哪里就有笑声和成功的喜悦。在人的精神世界里，幽默实在是一种丰富的养料。

94 耐心是一切聪明才智的基础。

——（古希腊）柏拉图

我们不缺乏远大的目标，缺乏的是脚踏实地；我们不缺乏冒险精神，缺乏的是成功基石；我们不缺乏充沛的体力，缺乏的是毅力和忍耐。因为不知道成功有多远，我们常常眼看接近终点又放弃了。

耐心，是人们在对事物的认识过程中所表现出来的个性心理特征。它是性格中的一种潜在力量，也是信心的持久和延续，是决心和毅力的外在表现。

耐心，对于认识和了解客观事物的深刻性、准确性、完整性的程度和效果有明显的作用。

耐心，是对压力的一种挑战。耐心可以检验人面对困难、失败时的态度，看看我们是倒下去还是屹立不动。面对压力而顽强地坚守信念，所表现出的是一种坚忍不拔的力量，这就是耐心。

要想把事情做到底，单凭一时的热忱是不行的，有耐心才能成事。具有耐心的人，他必然前后一致，不达目的决不罢休。一旦有了耐心，就可使人们在逆境中重拾破碎的心，继续往前迈进，使生命放出灿烂的光芒。

无所畏惧的你

现实再强硬，也敌不过

只要你有强烈的成功意识，只要你态度积极、坚韧不拔，只要你信心十足，只要你有崇高而坚定的信念，只要你能够发挥你的性格优势，就一定可以把握自己的命运，获得最后的成功。

95 连自己的命运都不能主宰的人是没有自由可以享受的。

—— (古罗马) 爱比克泰德

人生之路，不同的人创造不同的人生，不同的人走不同的路，不同的人有不同的收获。命运从来都掌握在自己的手中，有位哲人说过："你觉得可以就可以，你觉得不行就不行。"

当你明确了自己选择的这条路是正确的，一定要坚持下去，它会让你获得力量，推动你在所选择的领域做出意想不到的成绩。很多时候，并不是我们的选择不正确而导致我们的失败，主要原因是我们不迎难而上，不愿意接受人生的各种挑战。要知道，冰冻三尺非一日之寒，要想无坚不摧，就必须勇敢地坚持自己的选择，并为之不断奋斗和努力。一个敢于拼搏的人，最后不管是成功还是失败，他都能谱写出人生最华丽的篇章。

无论如何，一个人都要有自己决定命运的精神，否则，就只能拾人牙慧，成为别人的精神附庸。永远活不出真实的自己，又何谈自由。

爱比克泰德（约55—约135）：爱比克泰德对斯多葛派学说有极其重要的发展和突破，是继苏格拉底后对西方伦理道德学说的发展做出最大贡献的哲学家，是真正集希腊哲学思想之大成者。

96 无论如何困难，不可求人怜悯！

——（古希腊）柏拉图

人生如茶，经过沸水的浸泡才能挥发出它本身的香味；人生也如咖啡，品尝过苦涩后才能享受到口留余香的味道。

人生，总是要经历一些苦难、挫折后，才能饱尝最终胜利的滋味。

这个过程虽然艰辛，但无论如何困难，我们都不可求人怜悯！

一个能够在逆境中微笑的人，要比一个一旦面临艰难困苦，勇气就崩溃的人伟大得多。

如果你想驾驭好自己的人生，别无选择，只能选择坚强、乐观。因为坚强者的眼中永远是希望，乐观者的眼里永远是春天。

在充满困难的日子里，只有懂得用乐观、坚强的意志去浇灌，生命之花才会开得灿烂。

意志总是困难的天敌，经历困难与各种苦难，才能使人不抱任何幻想，直面人生，才能使人经受残酷的命运，永垂不朽！在充满困境的日子里，不要埋怨，不要抱怨，让乐观、坚强的意志去浇灌生命之花吧！

97 有勇气的人，心中必然充满信念。

——（古罗马）西塞罗

有些事，如果不能改变，不能逃离，就勇敢地去面对、去接受，并且挑战它，告诉它你才是生活的强者。有些事，不是我们想做的，却是不得不做的，那么，就努力去做好它。

无论怎样，在回忆起自己走过的每一段路时，都能够微笑地对自己说："不曾逃离。"

在漫漫人生的征途中，谁都免不了经历风霜雨雪，走上崎岖不平的道路。这时，我们首先必须战胜自己，以一颗勇敢的心，去接受任何挑战。我们在面对各种苦难的时候，要振作起来，相信自己，要有必胜的信心，坚信自己必将成功。

只要心中的信念没有萎缩，你的人生旅途就不会中断。哪怕你生来就被人说成一块朽木，只要你不曾放弃自己努力向上的信念，并为此而努力，总有一天，这根木头也能雕刻出绝世的花纹。

俗话说，世上无难事，只怕有心人。想成就大事业，要有坚韧不拔的意志和百折不挠的精神。一个人之所以成功，不是上天赐予的，而是日积月累自我塑造的。

98 不经巨大的困难，不会有伟大的事业。

——（法国）伏尔泰

古人说："唯有埋头，乃能出头。"

一只雏鹰因为被扔下悬崖，它才学会飞翔的本领；一只毛毛虫因为咬破裹缚它身上的那层茧，才能化成美丽的蝴蝶；树木受过伤的部位，往往变得最硬。

人也是如此。人如果不经历巨大的困难，不会有伟大的事业。经历逆境的伤痛和苦难之后，能磨砺出优良的个性，那么以后不管遇到什么意外和困苦的境遇，都能应对和承受。

在人生的旅途上，我们面临一些困顿、伤痛、疾病、艰难等困境，表面看起来，似乎这是上天对我们的惩罚，但是，这实际上是一种磨炼，目的是让我们每一个人更坚强。

一个障碍，就是一个新的已知条件，只要你愿意，任何一个障碍，都会成为一个超越自我的契机。

那么你是要接受困境的馈赠呢，还是要把它推开呢？

99 天分就是持续不断的忍耐。

——（法国）伏尔泰

哲学家蒙田说过："若结果是痛苦的话，我会竭力避开眼前的快乐；若结果是快乐的话，我会百般忍耐暂时的痛苦。"

人的一生当中会遇到许多意想不到的困难，坚强的人总是表现出极大的忍耐力。忍耐是战胜挫折的自信，是直面逆境的豁达。

没有忍耐，什么事情都不能成功。忍耐是一种无畏的力量。水是忍耐的，所以流水的力量最大，洪水泛滥，冲坝决堤，水滴石穿，磨圆石棱。

有句话说得好：当"智慧"无法成功，"天才"宣告失败，"机智"与"技巧"毫无用处，种种能力都已束手无策，彻底绝望之时，"忍耐力"悄悄到来，可以帮助你。

假如你正在为生活或事业中的种种挫折所困扰，假如悲观、失望和消极的情绪还在无情地包围着你，那么，请忍耐，因为痛苦不会长久，希望一定会到来！

100 人最得意的时候，会有最大的不幸光临。

——（古希腊）亚里士多德

"顺境虽好，但往往因得意忘形，反而使人堕落。"其实，这世上有很多人，并不是被失败打败的，而是被胜利击垮的。因为一个人得意时，往往会被胜利或荣耀冲昏了头脑而失去应有的冷静。这时，即使外部环境发生了变化，或是灾难即将来临，得意者却有可能全然不觉，从而让自己遭受打击或面临更大的灾难。要知道这世间没有永远的胜利者。一个人也不可能事事占得先机，得意时更需淡定面对。

一个人如果自以为已经有了许多成就而止步不前，那么他的失败可能就在眼前了。所以，取得成绩，取得成功时，切勿得意忘形。

满足是成功的绊脚石，我们要不断地归零、不断地进取。不要满足于现状，时时制定新的目标，时时超越自己，时时给自己一个明确的定位，才能在人生的旅途中找到成功的路。

101 你的命运藏在你的胸膛里。

——（德国）席勒

　　人们在遭遇不幸和挫折时，往往会把这一切认为是命运的捉弄。既然命中注定自己要承受这样的痛苦，与其挣扎着改变，不如顺应天命，默默承受。但哲人也曾告诉我们：没有冥冥之中的"命"，即使有，命运也是掌握在我们自己手中的，只要你有勇气，你永远是自己人生的主人。

　　在漫长的人生旅途中，我们总会碰到暗无天日的境遇，我们不能控制逆境的出现与否，但是我们却能够和它抗争。因为命运掌握在自己的手中。

　　每个人都希望自己是一个成功者。成功意味着赢得尊敬，成功意味着胜利，成功意味着最大限度地实现自我价值。只要你有强烈的成功意识，只要你态度积极、坚韧不拔，只要你信心十足，只要你有崇高而坚定的信念，只要你能够发挥你的性格优势，就一定可以把握自己的命运，获得最后的成功。

　　　　　　　　　　　　席勒（1759—1805）：通常被称为弗里德里希·席勒，德国18世纪著名诗人、哲学家、历史学家和剧作家，德国启蒙文学的代表人物之一。

102 不要把信仰悬挂在墙壁上。

—— (古罗马) 爱比克泰德

信仰是一根支柱，支持着我们在这个社会向正确的方向迈进。强烈而执着的信仰，使人们在正视现实的不公正，无奈绝望之时仍然能看到希望之光。

生活中，无论我们遇到什么样的绝境，只要有信仰，心中便会始终抱有一线希望。信仰愈强烈，希望之光就愈亮，它给人的推动力也就愈大，信仰是支撑起生命的柱子。

一个人一旦有了信仰，那就是有了支持他面对生活中磕磕碰碰的支柱。以后再遇到困难、失败和沮丧时，只要想到还有这样一个信仰，又会重新振作。

不管我们承不承认，信仰是积聚在内心的一股莫大力量，它可以左右你的生活和人生观乃至价值观，可以呵护你的心灵，可以帮助你在人生的道路上找到正确的航标。拥有信仰，你能够得到心灵的力量。

103 真正的人生，只有在经过艰难卓绝
的斗争之后才能实现。

——（古罗马）塞涅卡

每个人对人生都有自己独特的诠释，不管是热切的向往，还是执着的追求，但有一点永远不会变：人生是成败得失的交合体、五味兼容的调和瓶，想要真正领悟人生，必须先读懂不幸、痛苦、挫折、失败，继而才能领略成功的喜悦。

不曾经历苦难、挫折的人生，根本不算是完整的人生。

崎岖之中包含智慧和成熟，平坦之中包含的却是无趣与空虚。

真正的人生，只有在经过艰苦卓绝的斗争之后才能实现。

承受住这个过程，完成这个过程，人生就由此多了一次历练，我们就会变得更加坚强。一帆风顺不会使我们的心灵成长，磨难才可能给我们的心灵淬淬火，加点钢。成长的过程其实就是不断战胜磨难的过程，只有经历磨难的人生，才能点燃生命的辉煌。

104 理想的实现只靠干，不靠空谈。

——（古希腊）德谟克利特

"伟大的思想只有付诸行动才能成为壮举。"

任何一个伟大的理想，一旦没有行动，就只是一纸空谈。不采取行动，再美的理想也无济于事。

一分耕耘，一分收获；光想不干，光说不干，一无所获。所以，成功者与普通人不同的是：他们总是要去干点什么，想到了就会马上去做；而大部分人没能成功的最大原因在于：他们只停留在想，而没有付诸行动。

一个人想要实现理想，就必须行动起来。"只有行动赋予生命以力量。"人是自己行为的总和，是行动最终体现了人的价值。

克雷洛夫说："现实是此岸，理想是彼岸，中间隔着湍急的河流，行动则是架在河上的桥梁。"

面对悬崖峭壁，一百年也是看不出一条缝来的，但用斧凿，能打一寸进一寸，能打一尺进一尺，不断积累，飞跃必来，突破随至。如果光有梦想却不采取任何行动，必将一无所获，一事无成。

你的行动决定你的价值，没有行动就没有一切。让我们记住：理想的实现只靠干，不靠谈。

105 天下难事，必作于易；天下大事，必作于细。

——（中国）老子

人与人的智商其实相差无几。同样的事情，这个人做可能收获成功，而换另一个人却可能遭遇失败。为什么会这样呢？原因有很多，其中细节是主要因素。有时，一些细节上的功夫往往决定着整个事情的成败。一心渴望伟大，追求伟大，伟大却了无踪影；甘于平淡，认真做好每个细节，伟大却不期而至。这就是细节的魅力，是水到渠成后的惊喜。

这世上，想做大事的人很多，但愿意把小事做细的人很少。

其实，我们不缺少雄韬伟略的战略家，而缺少的是精益求精的执行者；我们不缺少各类管理规章制度，而缺少的是对规章条款不折不扣的执行。

老子（约公元前571—公元前471）：又称老聃，原名李耳，字伯阳。春秋末期楚国苦县（今河南鹿邑县）人。是我国古代伟大的思想家、哲学家，道家学派的创始人。

106 不愿听朋友说真话的人，
是真正不可救药的人。

—— （古罗马）西塞罗

现实生活中没有哪个人是完美的，每个人说话、做事都会存在不足之处，往往我们自己却不能察觉。生活中很多时候别人对我们提的意见都是有益的，我们应该虚心接受，而且我们有时也需要别人提出意见来进行反省，从而完善自己。

别人指出自己的错误和缺点，正是对自己善意的帮助，对自己的学习、工作、生活都是很有益的。所以，在别人善意提醒时，要放下自己所谓的"自尊"，虚心接受别人的批评和建议，并加以改进。为了防止和克服思想上不同程度的主观主义成分，我们唯有要求自己遇事一定要保持真正的虚心。

虚心听取他人的意见，能使愚笨的人变得聪明，使聪明的人变得更加睿智。然而，在现实生活中，虚心接受别人意见的人并不多。而那些能够听取意见并真正接受的人，心胸是宽阔的，内心往往充满了智慧。这样的人才是真正的智者，并会获得极大的提高和进步。

107 激情是使航船扬帆的飓风，有时也使它沉没，但没有风，船就不能前进。

——（法国）伏尔泰

生长在墙缝中的小草，虽然它生长的周围是砖石，是非常狭小的空间，但它依然青翠欲滴，彰显着勃勃生机。宇宙中任何生命，只要存在就要表现出自己本身的生命力。人当然也不例外，我们活着，就要活得有生机、有激情，表现出生命的张力和活力。这样的生命才是有意义、有价值的生命。

没有激情，军队就不能打胜仗，雕塑就不会栩栩如生，音乐就不会如此动人，人类就没有驾驭自然的力量，给人们留下深刻印象的雄伟建筑就不会拔地而起，诗歌就不能打动人的心灵，这个世界上也就不会有慷慨无私的爱。

有激情才会有希望。生命中充满热情，生活便每天都充满阳光。

生活是怎样的一番景象，全靠自己如何去体会。如果你总是处在沮丧中，你看到的景色也会是悲凉的；如果你保持热情，那你看到的每一处景象都会是曼妙而精彩的。

激情是一个人的能力得到最大限度发挥的催化剂，它能够敦促你不断向前，不知疲倦。而且在困难面前，激情能够帮你恢复斗志。任何时候，都要让自己保持一份激情，对于自己的人生，对于自己的事业都是有很大好处的。

激情让你时刻保持一颗年轻向上的心，激情让你斗志昂扬，激情让你有更好的人际关系，激情让你更容易得到别人的肯定，激情焕发的你更容易成为一个群体中的焦点。所以，什么时候我们都不能丢掉激情。

108 黑夜无论怎样长，白昼总会到来。

——（英国）莎士比亚

困难再多，挫折再大，不幸终会过去的。

每个人都会遇到困难和挫折，良好的心态会使不幸的时间缩短。

人总会遇到挫折，会有低潮，会有不被人理解的时候，会有要低声下气的时候，这些时候恰恰是人生最关键的时候。在这样的时刻，我们需要耐心等待，满怀信心地去等待。要相信，生活不会放弃你，命运不会抛弃你。如果耐不住寂寞，你就看不到繁华。

稳重而平和的心态会让一个人发现挫折能带给他意志的磨炼和技能的进步。

人生不绝望，才会有希望。

109 人类最宝贵的财富就是希望。

——（法国）伏尔泰

在走向人生的征途中，最重要的既不是财产，也不是地位，而是在自己心中像火焰一般熊熊燃起的意念，即"希望"。

沙漠中总会存在绿洲，主要在于我们该如何去发现它，如何去寻找它。

保持希望的人生才是有力的，失掉希望的人生则通向失败之路。

永远不要说"没有希望了"。终场前什么都有可能发生，只管奋力去拼搏吧！自己吹响终场哨是犯规和愚蠢的，人生的终场哨就让死神去吹响吧！

希望能让漆黑的夜晚出现指路明灯，希望能让狂风暴雨出现绚丽的彩虹。只要心存希望，人生就会多姿多彩，你，才能成为人生的胜利者！

110 不要只因一次挫败，就放弃你 原来决心想达到的目的。

——（英国）莎士比亚

人的一生中，不可能永远一帆风顺，遇到狂风暴雨的袭击也是在所难免的。

有时候，失败和危机是一个很大的打击，将你狠狠地击倒在地。但是失败没什么大不了，只要你能够打起精神，用失败和危机的经验来丰润自己，勇敢地站起来，你就会发现，其实失败与挫折并不可怕，而且它还是成功的奠基石。

在困境中，我们更需要坚强的信念，随时赋予自己生活的支持力。当拥有了这份坚强的信念时，困难就会在我们的不知不觉中走过。

在遇到困难或不如意的事情时，一定要保持积极客观的心态，这样才能对生活充满希望；在遭受苦难时，一定要有坚强的信念，这样才能苦尽甘来。

尤其是自己在人生低谷时，一定要振作起来，大不了一切从头来过。只要抱有这样的态度，就一定能重新燃起对生活的希望，就一定能东山再起。

在挫折中挣扎努力过，你终会窥见幸福的真谛。只要我们相信自己，不放弃心中的那个目的，我们一定可以笑到最后。

111 人生来是为行动的，就像火总向上腾，石头总是下落。

——（法国）伏尔泰

　　每个人都有自己追求的梦想，也曾制定过无比远大的目标，可对于很多人来说，那只是一时的心血来潮。制定完目标，便把它束之高阁，没有为此付出行动，也没有坚持下去，最后只能是一事无成。要知道，心动不如行动，目标既然已经制定好了，就不要犹豫，坚定地投入行动中，有行动才会有机会。

　　行动既是一种习惯，也是一种做事的态度，是每一个成功者所共有的特质。

　　比尔·盖茨曾说："想做的事情，立刻去做！"当"立刻去做"从潜意识中浮现时，就应立即付诸行动。

　　行动就像火种，一旦点燃，便会燃烧出熊熊大火，一发而不可收。只要我们去行动，就会有一扇门为我们开启；如果我们不付诸行动，那么属于我们的那扇门就永远是关着的。

　　没有行动，一切梦想与计划都不过是镜中花、水中月，而会永远停留于幻想中。

　　只有行动并坚持不懈，才能达到自己的目的。

112 你在跳一个深坑之前，要知道它有多深才行。

——（德国）席勒

"谁能挡住你？是别人，还是自己？如果你知道你要去哪儿，全世界都会为你让路。"

这是著名运动品牌贵人鸟的广告语。它饱含智慧，人生成败的奥秘于只言片语之间就诠释得清晰透彻。跟着这句广告语而来的还有一句话：如果你不知道你要去哪儿，那通常你哪儿都去不了。

确定目标是人生发展的关键。目标是我们行动的方向，没有方向的引导，人就很容易在原地转圈或迷路。

遗憾的是，很多人很多时候都不知道自己要去哪儿。我们一路汗流浃背地前进，像一头忠实的老牛，低着头用尽全力向前奔跑，却从来不肯抬起头来看一看前方。如果连目的地都不明确，那再多的努力都是枉然，白费力气。

113 切勿坐耗时光，须知每时每刻都有无穷的利息。

——（美国）富兰克林

珍惜时间，这是一个古老而又永恒的话题。

爱迪生说："人生太短，要做的事太多，我要争分夺秒！"

居里夫人说："我丝毫不为自己的生活简陋而难过。使我感到难过的是一天太短了，而且流逝得如此之快。"

做无价值的事是在做无用功，这是对时间的一种极大的浪费。我们身边有许多人整天都在忙忙碌碌，整天都没有闲暇的时间。表面看起来，好像他们在充分地利用着时间；可是，到头来我们并没有看到他们有什么成就。其实，这些忙忙碌碌的事情中，有一大半是可做可不做的没有价值的事情，做这些事纯粹是白白地消耗宝贵的时间，生命也就在这之间一分一秒地悄悄地流失了。

勤学者，时间给予他的是知识和智慧，时间使他的生活更有光彩，青春更加美丽；怠惰者，时间终究将他抛弃，到头来使他双手空空，一无所有。所以说，你要珍惜你的时间，做时间的主人。

114 虚荣是骄傲的食物，轻蔑是它的饮料。

——（美国）富兰克林

虚荣如同虚幻的海市蜃楼，只能满足自己短暂的情绪愉悦，事后的苦果只有自己品尝。

虚荣是骄傲的食物。

骄傲有很多的害处，其中最危险的结果就是让人变得盲目，变得无知。骄傲会培育并增长盲目，让我们看不到眼前一直向前延伸的道路，让我们觉得自己已经到达山峰的顶点，再也没有爬升的余地，而实际上我们可能正在山脚徘徊。所以说，骄傲是阻碍我们进步的天敌。同样，骄傲也是我们前进道路上的绊脚石，犹如有色眼镜一样，使人看不到别人的优点，自以为是，最终止步不前。

轻蔑是骄傲的饮料。

骄傲是人难免的情绪，只有真正有卓越才能和表现的人才有资格骄傲，然而，很多人没有骄傲的资本，他的骄傲就只能是伪装的假骄傲，是一种虚荣的表现。很多人觉得自己比任何人都强，轻蔑他人，殊不知，他最终会因骄傲而封死自己前进的道路。

我们不反对自己对自己成绩的认可，但是骄傲自满、目中无人是做人的大忌。

115 不应该追求一切种类的快乐，
   应该只追求高尚的快乐。

——（古希腊）德谟克利特

人生如水，去日苦多。在短短的人生之旅中，人人都有所求，有的人求富贵满堂，即得满足；有的人求福如东海，深得幸福；有的人求无上智慧，最是得意；有的人求万事如意，甚为欢喜。如果就表面看来，他们所求各不相同，但万涓细流，汇聚成海，归根结底，他们所求的仍然是快乐。

内心的快乐才是永远的。生活本身是很简单的，快乐也很简单，只是人们把它想得太复杂了，或者人们自己太复杂了，所以往往感受不到简单的快乐。

生活中，如果我们都努力地放下沉重的包袱，不为贪婪所诱惑，择精而担，量力而行，这样的人生自然也就是轻松快乐的。

竹杖芒鞋轻胜马，饥来吃饭困来眠，观潮起潮落，看清风送云，这又何尝不是智慧的生活呢？

"只有那些能安详忍受命运之泰者，才能享受到真正的快乐。"当我们处于不可改变的境遇时，只有勇敢面对，从容地开拓前途，才是求得快乐宁静的最好办法。

116 幸福的生活就是一生都要有善行，如果你是有罪的，你不可能获得幸福。

——（古希腊）亚里士多德

心中有爱，即使身处险境，也是天堂；心中有恨，即使身处福地，也会牢骚满腹，怨怒缠身。天堂还是地狱，选择权就握在每个人自己的手中，不是他人所能左右得了的。天堂与地狱有多远，人与人之间的差别就有多大。

正如亚里士多德所说："幸福的生活就是一生都要有善行，如果你是有罪的，你不可能获得幸福。"

罗曼·罗兰也说过一句话："善良不是一门科学，而是一种行为。"在日常生活中，有很多事情很小，但我们千万不能小看这些事情，或许就是因为你做了这些小小的善事，而让你的生命很美丽，让你的生活很充实；或许就是因为你未做这些小小的善事，而让你后悔很久，负疚很深；或许就是因为这些小小的善事，而改变了别人的一生，也使你为自己曾经做过这些小小的善事，使自己的心灵和情感得到了慰藉和升华。

古人云："一屋不扫，何以扫天下？"古人用这句话来告诫人们，不愿做小事的人，也做不出大事来！如今，我们更要提倡"勿以恶小而为之，勿以善小而不为"，踏踏实实做事，杜绝浮躁。

117 只有恒心可以使你达到目的。

——（德国）席勒

恒心，是一种水滴石穿的坦然，是一种破釜沉舟的纵然，是一种卧薪尝胆的欣然。

滴水穿石，不是靠力，而是因为不舍昼夜。人生就如一场马拉松，最后的胜利都是属于坚持到最后的人，持之以恒是我们在遇到困难时仍然继续努力的能力。

成功，不是比别人取得更好的成绩，得到更多的回报。成功是比较不出来的，成功不过是实现自己目标的一种表现，所以只要我们能保持一种良好的心态去面对人生中的苦难和挫折，跨过去，前面就是一片蓝天。

你越坚持就越坚信你自己，你越坚信你自己就越坚持不懈。你能坚持的程度取决于你在多大程度上坚信你自己以及你获得成功的能力。只要你坚持不懈地努力并付诸行动，你最终将成功。

118 如果一个人不知道自己要驶向哪头，那么任何风都不是顺风。

——（古罗马）塞涅卡

如果一个人活着没有任何目标，那么，他在世间行走，就像河中的一棵小草，不是行走，而是随波逐流。

一个人如果没有方向，就只能在人生的旅途上徘徊，永远到不了目的地。正如空气对于生命一样，方向对于成功也有着绝对的必要。

方向的选择是至关重要的，独闯江湖、跌宕起伏是一种选择，子承父业、舒适安逸是一种选择，寻欢作乐、游戏人生是一种选择，孜孜不倦、埋头苦干也是一种选择，边干边玩、亦玩亦干同样还是一种选择。不同的人生选择把人生引向不同的方向，何去何从，一定要慎重选择！

我们，只有做自己命运的主人，把握自己的人生航向，坚定自己的目标，才能按目标一步步走向成功。

当我们的行动有明确的目标，并且把自己的行动与目标不断加以对照，清楚地知道自己离目标的距离时，行动的动机就会得到维持和加强，我们就会自觉地克服一切困难，努力达到目标。

119 强烈的希望是人生中比任何欢乐更大的兴奋剂。

——（德国）尼采

希望，是生活当中的阳光；希望，是生命当中的甘泉；希望，是人生快乐的音符。每天给自己一个希望，那么我们的人生就一定会多姿多彩。

康德说："如果剥夺了人的希望之念，你就把他变成了世界上最悲惨的生命了。"

在通往理想的征途当中，经常是荆棘丛生，穷山恶水挡道。而面对眼前无法避免的困难时，我们需要希望来指引我们克服困难。

海明威说："人可以被毁灭，但不可以被打败。"因为只要在你心中拥有了希望，任何外来的不利因素都扑不灭你对人生的追求和对美好未来的憧憬与向往。人生难免经历坎坎坷坷，有时还可能会陷入某种困境之中。在这个时候，请你点燃起新的希望吧。

生命是有限的，但是希望是无限的，只要我们不忘记每天给自己一个希望，那么我们就一定能够拥有一个丰富多彩的人生。

120 我们的生命受到自然的厚赐，它是优越无比的。

——（法国）蒙田

细小的种子珍惜了上天的赐予，不断努力，根拼命往下钻，芽使劲往上挤，就是在坚硬的石堆中也毫不畏惧，只为了接受轻风的爱拂，阳光的沐浴；一只小小的蚂蚁为了难得的生命不被白白消磨，勤勤恳恳、忙忙碌碌；墙角的壁虎为了延续自己的生命，可以毫不犹豫地舍弃自己的尾巴。这些毫不起眼的动植物不忍生命被白白消逝，努力争取享受生命的乐趣，进行不屈地抗争。自诩万物灵长的人类又岂能漠视生命的存在。

世间万物，各得其所，人的存在也有自身存在的意义，所以要珍惜自己的生命。蒙田说："我们的生命受到自然的厚赐，它是优越无比的。"生命是宝贵的，失去了生命，我们将变得一无所有。

世界上最有力的武器不是坚船利炮，而是一颗活着、爱着、等待着的心。对生命的眷恋，对残酷现实的永不妥协，是对生命的珍惜。

我们只有真正认清了生命的意义、生命的方向，才能懂得珍惜生命，好好活着。

121 谁中途动摇信心，谁就是意志薄弱。

——（德国）黑格尔

世间万物都是因为拥有足够的意志才创造了美好的世界。雄鹰因为有毅力，才能感受到搏击长空的壮美；蛹因为有毅力，才会脱茧而出，化成翩翩飞舞的蝴蝶；候鸟因为有毅力，才能飞越太平洋，抵达舒适的栖息地……

一个人，只要有恒心、有信心，有朝一日终会获得成功。勤快的人能笑到最后，而耐跑的马才会脱颖而出。梦想是人生的舞台，只要保持积极向上的心态，全力以赴地与时间抗衡，才能最终以胜利者的姿态笑傲生活。

一个人要想获得成功，千万不能中途动摇信心，千万不能心存侥幸，只有通过实实在在的努力，持之以恒，才能实现人生的飞跃，获得人生的辉煌。

122 人之所以伟大，是因为他是
一座桥梁，而非目的。

——（德国）尼采

人的存在本身就是一个过程，而不是为了什么目的。换言之，我们的人生就是一个过程，而不是为寻求一个结果。不要把目的看得太重，那样你会错过人生路途中的美景。

生活中真正的乐趣就是旅行。车站只不过是一个梦，永远可望而不可即，把我们远远地抛在后面。活着，就尽情地享受人生！有人说："幸福与否不在于达到的目的，而在于追求的本身及其过程。"

如果生命是一段旅程的话，那么旅程的起点是诞生，终点就是死亡。

在这段旅程中，我们每个人都会欣赏沿途的无限风光，但景色再美，我们都要到达生命的终点站。

生命的历程有长有短，因此路途中总会有人不断到站。当亲人离去时，我们要学会淡忘忧伤；当我们到站时，我们更要学会淡然接受。只要我们好好地生活，珍惜生命的旅途，在临近终点时我们便能坦然地说："感谢生命，我已经真正地经历过了。"

123 想要成就大事业，要在青春的时候着手。

——（德国）康德

成功，不是比别人取得更好的成绩，得到更多的回报，成功是比较不出来的，成功不过是实现自己目标的一种表现。青春的时候，我们就要为自己制定成就大业的目标；青春的时候，我们就要开始向目标挺进。

不经历风雨怎能见彩虹，不经过飞翔的翅膀哪会硬朗？此去可能受伤，甚至会有断翅的不测，但没关系，我们还年轻。

年轻可以从身心的敲打到灵魂的拷问，从思想境界的上升到生命的自由飞翔。经历血泪交加的洗礼，你才会领略痛苦的真正含义，年轻的心就在血淋淋的穿刺中逐渐丰满起来。

年轻是资本，年轻是努力的最佳时期。有了梦想，有了目标，我们只要为之坚持不懈，便能让自己的梦想真正地飞翔。

世界之所以美丽，是因为有红橙黄绿蓝靛紫七种颜色以神奇的组合装饰着；而人生之所以伟大，是因为有梦想的存在。有了梦想，才更清楚怎样去走未来的路，才会懂得珍惜转瞬即逝的光阴，才会找到一个可以让自己不停步、跌倒再爬起的理由。

Part D　现实再强硬，也敌不过无所畏惧的你

124 话可以收回，但人生不可能这样。

——（德国）席勒

字写错了，可以擦掉重写；画画的色彩用错了，还可以重画；花有重开日，人无再少年；话可以收回，但人生不能重来。

人生，没有给我们打草稿的机会，没有给我们能思前想后的时间。

只有一次的生命是宝贵的，怎样度过这宝贵的一生是值得我们思考的。

我们每天活着不是活给别人看的，而是为自己而活着的。人生如花，花开不是为了花落，而是为了灿烂。生命之美更在于生命的本身之美。因此，我们要学会享受生命的这种美。享受生命就是享受生活，享受人生。

享受生命，就要让生命活得有价值，生命的价值取决于生命的充实程度。让生命过得充实，也是一种责任。享受生命，就要给生命定一个目标，并且去实现它，不要在离开时带着遗憾而去。

生命是美丽的，更是不乏精彩的。无论什么时候，也不要让生命承受不必要的沉重。要懂得去欣赏每一次的花开花落，不放过任何一次美丽心灵、陶冶情操的机会。

人生不可以重来，我们要珍惜现在的生活，珍惜活着的时光。

人生不可用来妥协

125 怠惰是贫穷的制造厂。

——（德国）席勒

懒惰可以让一个很有天赋的人变得平庸，让一个平庸的人变得可耻。懒惰的人的态度往往是尽可能地逃避。他们没有雄心壮志，没有责任心，表面看起来是随遇而安，实际上却是没有上进心。

懒惰是贫穷的制造厂。因为懒惰者喜欢为自己找借口，而当他们为自己找借口时，"事情太困难、时间不够"等理由也会逐渐变得合理化，形成根深蒂固的拖延习惯。

谚语云："恶魔是借懒人之手做坏事的。"懒惰是人们成功路上的一大障碍，是人们致富路上的绊脚石；懒惰容易让时光在不经意间溜走。克服懒惰之念是非常重要的，我们要养成勤勉的习惯。因为勤勉是一个人最重要的品德，是幸福的源泉。

从现在起，慢慢地尝试着改变自己，严格要求自己，只要你坚定信念，下定决心克制懒惰的心理，灿烂的未来就是属于你的！

126 毫无理想而又优柔寡断是一种可悲的心理。

—— （英国）培根

　　成功者，下决心时十分果决，却不轻易更改决定。不管外在环境多么恶劣，都能坚守决定。

　　相反，失败者的特质则是踌躇犹豫、难下决定，而且没有自己的理想、目标，容易受他人影响，经常更改决定。

　　简单地说，成功者果决勇敢，失败者优柔寡断。是否能断然痛下决心，为什么会是好运、厄运的关键呢？因为这关系到人心的向背。也就是说，果决的人富有吸引人的魅力，优柔寡断的人则常令人失望地离去。

　　拥有理想并为之奋斗，便拥有了成功的可能！毫无理想而又优柔寡断是一种可悲的心理，也是一种可怕的行为！

就是自己

成年人的避风港

当你的心已碎，以为失去了整个世界的时候，你有没有想过，也许正因为这样，一个新的世界即将出现在你的眼前，说不定比以前更好。

127 知人者智，自知者明。

——（中国）老子

　　人类的通病是：喜欢自以为是。几乎没有人不认为自己具有了解他人的能力。一个人善于了解别人，就是知彼，那就是明智。因此老子告诉我们"知人者智"，即老子把知人作为极大的智慧。

　　"自知者明"，就是说自己能清醒地认识自己，这才是最聪明的，最难能可贵的。

　　很多人的想法是：我们不能了解别人，但我们怎么会不认识自己、不了解自己呢？其实却大不然。有些人只知道了解别人、领导和管理别人，却不能更好地了解自己、管理自己。要知道，只有了解自己，才能控制自己和管理自己的行为，才能知道自己想要做什么，想要得到什么，才能使自己获得一种自己能够认可的成功。

　　只有知道自己的优缺点，才能真正发挥自己的优点，克服自己的缺点。

　　中国有句成语"知己知彼，百战不殆"，就是说一个成功者不光要善于了解别人，更要善于了解自己。了解自己的人是最明智的，但是既了解自己，又了解别人，这样的人就会"百战不殆"。

　　倘若我们做不到"知己知彼"，又怎么能适应我们的生存环境呢？

128 人生的价值是由自己决定的。

——（法国）卢梭

种子选择了泥土才能成就蓬勃的绿，再饱满的种子也难以在花岗岩上扎根；沙粒选择了贝壳才有机会变成夺目的珍珠，否则它就是无垠的沙滩上被踩在脚下的一粒沙。

一个人的价值取决于他所在的位置，这个位置不必多么尊贵，多么崇高，但一定要合适。

我们每个人都应该是自己的主宰，做自己人生的导航员。没有谁比你自己更能决定你的命运！

人生路上，我们会无数次被自己的决定或碰到的逆境击倒，甚至被碾得粉身碎骨。但无论发生什么，我们永远不要丧失价值。生命的价值不因我们身份的高低而改变，也不仰仗我们结交的人物，而是取决于我们自身！

只要知道自己言行举止背后的意义，坚持走下去，即使付出再大的代价，也无怨无悔。这样，在不断的抉择中，每个人都将形成自己的风格，去完成自己一生的使命。

只要有信心、肯努力，生命的价值就能维持在最高点。

当你失去所有身外的价值时，别忘了你还有生命的价值；当你费尽力量，提升财产的价值，却失败的时候，别忘了你还有一样绝对操之在己的东西——生命的价值。

129 幸福来源于我们自己。

——（古希腊）亚里士多德

生活是否幸福，在于你对生活的态度。

其实，幸福只是一种感觉，只要用心感受，它时刻萦绕在我们身边！幸福是一缕花香，当花开放在心灵深处，只需微风轻轻吹动，便能散发出悠悠的、让人陶醉的芳香！

有人到处寻找幸福，却找不到幸福，那是因为他忽略了自己的内心。因为幸福不在别处，它就在我们自己的心里。

当我们一无所有的时候，我们也可以说，我很幸福，因为我还有健康的身体；当我们不再有健康的身体时，那些最勇敢的人还可以依然微笑着说，我很幸福，因为我还有一颗健康的心；甚至当我们连心也不再存在的时候，那些人类最优秀的分子仍旧可以对宇宙大声说，我很幸福，因为我曾经生活过。

130 背起行囊，独自旅行。

——（德国）黑格尔

我们经年累月被禁锢在城区闹市，心灵被忙碌、工作、生活充斥着，从来不曾体验大自然中原汁原味的甘甜。其实，在我们的内心深处，都是非常向往大自然的，向往着那山清水秀的地方。

背起行囊，独自去旅行吧！

当我们泛舟洞庭，诵起孟浩然的"气蒸云梦泽，波撼岳阳城"时；当我们登上长城，想着毛泽东的"不到长城非好汉"时；当时我们傲立泰山，吟着杜甫的"会当凌绝顶，一览众山小"时；当我们仰观瀑布，想起李白的"飞流直下三千尺，疑是银河落九天"时，我们必将会抛去所有的愁苦、烦恼，豪气、愉悦、恬静会充溢心灵。

来一次旅行，不单单是满足眼界。当你抱着放松自己的心态去旅行，去寻找最真实的自己、最简单的自己、最轻松的自己，可以卸下所有的防备、所有的面具，去享受一场心灵的盛宴，和大自然来一个最温馨的拥抱。

旅行是一场心灵的救赎。当尘世的纷扰、情感的困惑、工作的压力一起向你袭来时，不要再假装坚强，不要再委屈自己戴着面具生活，去自然界感受一下鸟语花香，欣赏一下日落的黄昏。也许那些一直困扰自己的感情或工作问题，都会在灵光乍现的一刻得到解答，这就是大自然给你最好的答案。

独自去旅行吧，看看清风明月，看看行云流水，静静地去感受一下春雨的妩媚、夏风的热情、秋阳的羞涩、冬雪的浪漫。让每一个日出日落变得诗意起来，在每一次暮鼓晨钟中感受生命的美好。

在路上，遇到不同的风景、不同的人，体验着不同的人生经历；让"在路上"从一种状态变成一种人生态度，向着远方和内心，起程。

131 缺少自知之明的人，只会犯错误。

——（古希腊）苏格拉底

人贵有自知之明，自欺欺人只会招来麻烦。有自知之明的人，知道自己的优点和弱点，知道自己应该做什么，不应该做什么，同时也会得出自己能做什么的结论。

知道自己想要追求什么，才会变得强大。避开自己的弱点去做事，就会减少犯错误的机会。他们不仅只是自知，还能借鉴他人的经验教训，避免走弯路，不让自己陷入不利的境地。

缺乏自知之明的人，不仅认不清自己，也看不清他人。他们总是不能正确地看待自己，不但不懂得幸福生活，反而会平添许多烦恼。

那些清楚自己该做什么的人，才会获得事业上的成功，得到人们的尊敬和爱戴，人们也乐于和他们交往；那些不清楚自己该做什么的人，希望得到他人的忠告，所以总是盲目追随，把希望寄托在别人身上。但是由于他们认识不到自己和他人的差异，所以做出来的事情并不能得到预期的结果，而只能是到处碰壁，受到讥讽和冷落。

事实上，人人对自己都要有一个清醒而全面的认识，才不会做出错误的决策，错失良机。

132 人之所以犯错误，不是因为他们不懂，而是因为他们自以为什么都懂。

——（法国）卢梭

人之所以犯错误，不是因为他们不懂，而是因为他们自以为什么都懂。过分自信，便是自以为是。自以为是，便会骄傲自大。

骄傲，使人易狂；骄傲，使人自大；骄傲，会阻碍你前进的脚步。

无论何时，我们都不要妄自尊大，目中无人。因为，强中更有强中手，一山更比一山高；因为，人外有人，天外有天。一个妄自尊大的人，可能会取得一时的胜利，但一定不会长久。

人，如果没有一颗谦虚的心，永远也无法取得进步，永远也无法获得最终的成功。因此，我们要拥有一颗谦虚的心，拥有一颗对任何人的意见都能虚心接受的心。当然，我们也不能迷失自己，要一方面坚持"自主性"，一方面虚心接受别人的意见，最终才能走向成功之路。

记住，自己的分量是由自己来决定的，任何时候，都不要看轻自己，也不要过分看重自己。

133 生活的理想，就是为了理想的生活。

——（英国）培根

作家叶天蔚曾经这样说："在我看来，最糟糕的境遇不是贫困，不是厄运，而是精神心境处于一种无知无觉的疲惫状态。感动过你的一切不再感动你，吸引过你的一切不再吸引你，甚至激怒过你的一切不能再激怒你。即便是饥饿与仇恨，也是一种强烈让人感到存在的东西，但那疲惫会让人止不住地滑向虚无。"

如果生活真的变得如此，像一潭波澜不兴的死水，像一幅永不改变的山水画，那么，我们该好好反思一下了。

这是你理想中的生活吗？这是你想要过的生活吗？

我们活着，就是要让生命活得有价值，而生命的价值在于是否拥有理想的生活。

理想的生活，不在于生命的形式，不在于你是富贵还是贫穷，只在于你是否有着一颗为了理想生活而奋斗的心，有着一颗懂得品味生活的心。

从此刻起，静下心来吧，品味你身边的一事一物，品味生活的美妙，品味人生的写意，为了理想中的生活而努力。

Part E　成年人的避风港就是自己

151

134 有愿望才会幸福。

——（德国）席勒

有人说：幸福是雨后的阳光，幸福是苦难后的甜美，幸福是离别后的重逢，幸福是爱人的牵挂，幸福是雨中的一把伞，幸福是水中的一叶舟，幸福是付出后的收获，幸福是播种时的希望，幸福是丰收的麦垛。其实，这些所谓的幸福，只是一种短暂的欢娱与快乐。真正的幸福在于你拥有怎样的愿望，并为之努力，实现愿望。

愿望，像一粒种子，播种在心的土壤里，尽管它渺小，却可以开出最美的花朵；愿望，像一条小溪，流淌在爱的大地上，尽管它涓细，却可以浇灌绿色的希望。

愿望，应该是久藏心底的、极其渴望实现的一个心愿。我们，只有对一件事物充满希望、设想与期待，才有可能实现它，才有可能收获实现时的幸福。

135 得不到友谊的人将是终身可怜的孤独者。

——（英国）培根

每个人心里都藏着这么一个人，这个人是你内心深处最柔软的一处，也是你困难无助时最坚实的依靠，这便是朋友。

拥有朋友的人是幸福的，没有朋友的人是孤独的。

孤独是可怕的，甚至像一首歌中唱的："孤独的人是可耻的。"往往孤独不是社会造成的，完全是由自己造成的。

打开你的心扉，人与人的交往不需要太多隔阂，只有这样，才能得到真正的友谊。

打开你的心扉，人与人之间需要互相交流、互相信任，只有这样，才能拥有真正的朋友。

拥有朋友，才能拥有一切。朋友能够推动你的事业，帮助你实现自己的愿望，给你提供一个能够展示自我才华的机会和舞台。在你遭遇困境的时候，他还会帮你解困，充当"恩人"的角色。拥有朋友，将助你早日走向成功的彼岸。

136 认识你自己。

——（古希腊）苏格拉底

人常常能够看清别人身上的缺点，却永远找不出自己的弱点；常常无意中犯了错误，却根本不知道自己错在哪里；常常因为看到别人发生的事情而想避免自己发生，结果却重蹈覆辙。人类似乎永远逃不出自己的陷阱和宿命。

认识自己，就是发现自己的能力；认识自己，就是要找到自己合适的位置；认识自己，就是要时时反省自己；认识自己，就是要学会解读自己。

其实，人的高明往往不在于天赋，而在于懂得自我省察；人的成功往往不只在于能力和运气，而在于懂得及时地自我把握。当你迷茫、迷惑时，并不可悲；当你无知、自大时，才是最可悲的。因为，人只有真正认识自己，才能拯救自己。

137 祸兮福所倚，福兮祸所伏。

——（中国）老子

老子有言："祸兮福所倚，福兮祸所伏。"意思是，祸与福互相依存，可以互相转化。比喻坏事可以引出好的结果，好事也可以引出坏的结果。

在灾祸的里面，未必不隐藏着幸福，而在幸福之中，未必不隐含着祸患的根源。祸是福的源头，福是祸的归结。福与祸是一体的两面，是分不开的。

既然福祸一直相随，我们就要学会用一颗平常心去看待人生中遇到的各种事情。学会调整自己的心态，正确地看待福与祸，冷静地面对福与祸，世上再没有什么事情能扰乱你的身心，能让你惶惑不安。

认清了福与祸，生活就会如山间溪水一般，无论经过怎样的蜿蜒曲折，都会从容自在地奔流。

138 左右天下的人，须先左右自己。

——（古希腊）苏格拉底

人的命运攥在自己的手中，无须别人来左右，天上是不会掉馅儿饼的。一个人只有把命运攥在自己手里，才能活得理直气壮，才能活得有滋有味。要做到这一点，说难不难，说简单也不简单，你必须要行得端、坐得正、心不贪、手不伸、自食其力。唯有如此，才能真正把自己的命运牢牢地攥在自己的手里，做一个堂堂正正的人。

记得看过这样一句话："人生最大的遗憾，莫过于和别人比较，放弃自己。"是啊，如果连做真实自己的权利都不要了，怎么能做好其他的事情呢?

命运并非天定，它掌握在你自己的手心里。只要有征服命运的信心和决心，每个人都可以征服命运，每个人都可以主宰自己的命运。

用智慧为人生去芜存菁，在平淡的生活中发现自己、认识自己，体会人生的价值和生存的智慧，让生活充满自信和乐观。

想左右天下的人，须先能左右自己。认识自己，方能认识人生。

139 人生最大的烦恼，不是选择，而是不知道自己想得到什么。

——（古希腊）阿基米德

人的一生中，总是会面临无数次的选择。选择让你迷茫，选择让你苦恼，然而，真正让你苦恼与迷茫的并不是选择，而是你不知道自己想要什么。

我们不要看向远方模糊的事情，要着手身边清晰的事物。

我们只有明确自己想要什么，才能朝着这个方向去走，而不用再选择，再徘徊……

明确就是力量，它会根植于我们的思想意识里，深深烙印在我们的脑海中，让潜意识帮助我们达成想要的一切。

在这个世界上，没有什么是做不到、得不到的，只要你下定决心，明确目标，就一定可以得到自己想要的。

"世上本没有路，走的人多了，便成了路。"其实，人生之路也是如此。人生如一张白纸，就看你如何去涂写。

你是自己的设计师，成龙成虫全在你自己。你的生命，要靠自己去雕琢。你要选择自己的生活道路，确定自己的人生目标。只有那些执着于目标并为之不懈奋斗的人，才会在事业上取得理想的成就，才能活出一个无悔的人生！

140 人生在世，只不过是过路的旅客。

——（意大利）托马斯·阿奎那

　　人，匆匆来，匆匆去。人生在世，只不过是过路的旅客。的确，人是不可能永远活在世上的。无论你是帝王将相，还是普通百姓；无论你是超级富豪，还是一介平民，都无法逃脱人生之大限——死亡。我们每个人都无法主宰自己的生死，但我们可以把人生过得更有意义。

　　一个人只有在了解了生命的价值，知道了生存的意义，明白了自己的生活方向之后，才能真正看破生死。

　　死亡是一个结果，生活是一个过程，既然结果已经注定，为何不好好地享受过程。

　　面对无法回头的人生，我们只能做三件事：认真地选择，不要给自己留下任何遗憾；如果做了错误的选择，也要理智地面对它，看看有没有机会可以改变什么；即使什么都不能改变，也不要怨天尤人，接受现实，勇敢地向前走。

　　虽然我们都是生命的过客，但生命需要用真心去演绎，我们要尽全力走好每一步，让我们生命的道路成为美的极致。

　　托马斯·阿奎那（约 1225—1274）：中世纪经院哲学的哲学家和神学家，他把理性引进神学，用"自然法则"来论证"君权神圣"说。

141 你要追求工作，别让工作追求你。

——（美国）富兰克林

曾看到过这样一句话："当我们死心塌地地热爱自己所做的工作时，我们才能享受每天有限的幸福，过得满足而又有意义。"

当我们全身心地沉浸在自己所热爱的工作中时，就会感受到前所未有的兴奋与满足，这种满足便是一种幸福。

有人说，工作就像谈恋爱，要想获得幸福，首先要学会去爱，这样才能感受到被爱。

一个人只有爱你所选择的，才能从中感受到无穷的乐趣和惊喜，才能实现自身的价值，让未来成为现在的继续。

只要我们有心，脚下就会有路；只要我们学会放弃和从容，就会懂得什么叫"柳暗花明"；只要我们播种爱，就会收获幸福。正如人们所说，工作不仅要"爱一行干一行"，更要"干一行爱一行"。

哲人爱默生说："每个从事自己无限热爱的工作的人，都可以获得成功。"

142 保持健康，这是对自己的义务，
甚至也是对社会的义务。

——（美国）富兰克林

许多人具有超人的天赋，也拥有难得的机遇，却没有获得最终的成功，很大原因就是他们不善于保养自己的身体，这也是人生最大的遗憾。

健康，不仅是个人的一种需求，更是一种社会责任。拥有健康是人们生活的基本需求，维护和促进健康是每个人必须承担的社会责任。

有位哲学家说："保持健康是做人的责任。"要承担起这个责任，就必须充分认识健康的重要性。当你拥有健康时，你感觉是那么平常；可当你失去它时，你就会感到它是多么珍贵。一个人失去了健康，不仅难以承担起原本应该承担的义务，还给家庭、集体、社会带来一定的负担。因此，每个人都要从增强社会责任感的高度，来认识和对待自身的健康，用实际行动来促进社会整体健康水平的提高。

世间没有一样东西比我们的身体更为宝贵，生命只有一次，健康的身体是我们拥有幸福生活的基础。

健康是生命的基石，是快乐的源泉。如果在生理上和心理上你是一个健康的人，那你也是一个快乐的人。

143 思而后行，以免做出蠢事。
因为草率的动作和言语，均是卑劣的特征。

——（古希腊）毕达哥拉斯

人生有很多诱惑，不善于思考的人就会陷于困顿；人生有很多选择，不善于思考的人就会造成决策错误；人生更有许多挑战，不三思而后行的人就会导致失败。

思而后行，这是哲人为今天的我们留下的警世格言，也是追求成功的人生所必须遵循的法则。

人生总会遇到难题和麻烦，当我们想解决这些问题时，先不要匆忙采取行动，而是应该仔细研究困扰我们的问题。只有停下来，沉着冷静地思考，才能使麻烦的危害性降低，甚至变害为利。否则，遇到事情就慌慌张张、手足无措，只会把原来简单的事情复杂化，导致意想不到的结果。

思考是一种巨大的力量，它给人以智慧，让人有收获；思考让我们多了许多机会，多了许多选择；思考让我们少犯许多错误，少走许多弯路。

漫漫人生路，走好不容易，带着思考去跋涉，你就会更轻松、更快捷地到达理想的终点。

144 希望被人爱的人，首先要爱别人。

——（美国）富兰克林

生活就像回音壁，你向它喊了什么，就会听到什么；生活又如同往地里种庄稼，你耕种了什么，就会收获什么。同样，人与人之间，你付出了爱，就会收获他人对你的爱。

如果你希望被人爱，首先要学会爱别人。

"送人玫瑰，手留余香；搬走别人脚下的石头，自己的路也会越走越宽。"

相识是缘，相知是分；相爱是情，相伴是意。学会爱别人，就是爱自己，真心付出你的爱，得到的是幸福和快乐。真心爱你身边的每一个人，你一定会收获更多的爱。

爱的力量是伟大的，是无可超越的。它无私而高尚，融化人们冰冷的心；它穿越时空，照亮一个人心中的黑暗；它不求回报，心甘情愿地付出。

许多时候，能让我们超越极限的力量不是名利，不是财富，甚至连自己的生命都不是，而是血管里涌动的一次次漫过心底的爱。

145 如果你想走到高处，就要使用自己的
两条腿！不要让别人把你抬到高处；
不要坐在别人的背上和头上。

——（德国）尼采

　　成功从来不是一步登天的事情，它必须经历量的积累，最终才能达到质变的效果。在量的积累时，因为它不易被发现，因而往往被心浮气躁者忽略了正在发生改变的事实。因此，不要忽略积累的过程，也许再坚持一下，你便与成功相拥。

　　饭要一口一口地吃，路要一步一步地走，任何人都不能一口气吃成个胖子。所以，无论做什么事情，都不要眼高手低，从小事做起才是硬道理。

　　正所谓，千里之行，始于足下。千里之路，是靠一步一步走出来的，没有小步的积累，是不可能走完千里之途的。同样，做事情要脚踏实地，一步一个脚印，不畏艰难，不怕曲折，坚韧不拔地走下去，才能最终达到目的！

146 快乐没有本来就是坏的，但是有些快乐的
产生者却带来了比快乐大许多倍的烦扰。

——（古希腊）伊壁鸠鲁

　　有些人不自觉地将快乐与金钱等同起来，把金钱看做了快乐的代名词。他们往往以为，钱越多，快乐就越多。

　　其实，金钱带给我们的只是有限的快乐，却也可能带给我们无限的烦恼。因为一旦整个心被金钱占据了，就无法给快乐留下太多的余地。

　　要知道，金钱只是实现快乐的手段之一，是过程，不是目的。

　　有些人把人生的意义融入追求金钱的过程，只把金钱看做是滋生快乐的土壤，所以他们得到了快乐；相反，那些执着地去占有金钱的人，得到的却只是身心疲惫。

　　正如富兰克林所说："财富不是我拥有的东西，而是我乐在其中的东西。"

147 认识错误是拯救自己的第一步。

——（古希腊）伊壁鸠鲁

哲学家伊壁鸠鲁说："认识错误是拯救自己的第一步。"

哲学家塞涅卡对它的解读是："一个人要是尚未认识到自己在做错事，他是不会有改正错误的愿望的。"

俗话说："知过而能改，善莫大焉"。走错了一步不要紧，重要的是及时认识到错误并改正错误。

认识错误不难，重要的是要学会反省。如果你每天能花一点时间反省自己，如果你有一份专注而执着的信念，也许优秀和平庸就在这一分毫的功夫之间。

缺乏自省可怕，不正确的自省同样可怕。自省，既不等同于自怨自艾，也不是求全责备，它是精神层面的反省，是对灵魂的追问。

自省的前提是承认过失，即知其"失"，同时要知其所以"失"，进而在行动中纠其"失"。自省、认识错误不是外在的强加，而应该像吃饭睡觉那样成为我们自觉的行为。

148 知识关乎自然，智慧关乎人生。

——（古希腊）苏格拉底

做一个有知识的人很容易，只要努力学习就够了。但要想做一个有智慧的人却很难，因为智慧的拥有不仅需要学习，更需要修炼。

征服自然需要的是知识，因为你必须掌握它客观变化的内在规律，才能一劳永逸地控制它。所以说，知识就是力量。但洞察人生需要的却是智慧，因为人生没有假设，不讲逻辑，没有任何规律可循，唯有的就是洞察，所以说，智慧是一种境界。

知识，可以帮助我们应付大自然，可以解决我们的生活需求，但它洞察不了人生的意义。智慧，看似没有任何实际效用，但却能让我们洞察人生的进退，超越生死的轮回。

正如苏格拉底所说："知识关乎自然，智慧关乎人生。"

149 人最容易忘记的是自己。

——（丹麦）克尔凯郭尔

我们常常把眼光放得太远，总觉得最好的东西都在远方，都在其他人的手上，而忽略了我们自己。事实上，你手上握有的宝藏，不会比任何一个人少。问题的关键是，你要意识到自己的优秀，并且将其发挥到极致。这个世界上最优秀的人，其实是你自己。

成功人士都有一个共同的特点，即他们似乎都有着与生俱来的自信。正是这样的自信，让他们散发出与众不同的光芒。而事实上，他们不见得真的比别人优秀，可是他们相信在某一方面自己是最优秀的，于是他们就向着那个方向去努力了。

在这个世界上，从来就没有什么救世主。想要改变命运，你所依靠的只能是自己。当你的心已碎，以为失去了整个世界的时候，你有没有想过，也许正因为这样，一个新的世界即将出现在你的眼前，说不定比以前更好。

世上没有幸运的人，所谓幸运，只是因为对自己选择了相信，认准了目标，然后坚定不移地走了下去；世上也没有不幸的人，所谓不幸，只是因为对自己丧失了信心，从而放弃了更好的生存方式。

150 聪明的人只要能认识自己，便什么
也不会失去。

——（德国）尼采

认识自己，并不是一件简单的事，它要求我们必须从性格、爱好等各方面全面分析自己。只有正确地认识自己，才知道自己的缺点是哪些，优点是哪些。才知道哪些缺点需要改正，哪些优点继续保持。

人生是一个破茧成蝶的过程，在这个过程中，没有人能够帮助你，只有你自己；没有人能够拯救你，只有你自己；没有人能够改变你，只有你自己。如果我们能正视自己，客观公正地评价自己，认清自己与他人的差距，只有正确地认识自己，才能找到适合自己的位置！

认清自己是一种大智慧，否定自己、怀疑自己、贬低自己则是一种不理智的行为。因为只有正确地评价自己、承认自己的价值，才有可能实现自己的梦想。

151 一个人的性格就是他的命运。

——（古希腊）赫拉克利特

西方有句名言：性格即命运。

在相同的时候，有的人成功了，有的人失败了，这其中就是性格起了决定作用。不同的性格，会有不同的命运。

我们知道，拿破仑的性格刚猛无比，骑在马背上叱咤风云，指挥他的部队奋勇向前，但是他最后还是以失败而告终，被流放西西里岛。《三国演义》里的周公瑾，文武双全、风流倜傥，赤壁大战击溃不可一世的曹操百万大军，谈笑间，樯橹灰飞烟灭，何等雄姿，何等豪迈！可他就是心胸狭窄，老想不明白为什么天外有天，人外有人。因而，一败再败在诸葛亮手下后，他长叹一声："既生瑜，何生亮？"吐血而亡，英年早逝。他吃亏就吃在气量小的性格上。

我们可以毫不夸张地说，成也性格，败也性格。好的性格，能屈能伸，知进知退，稳得住成功得意，也经得起挫折失败，赢得起也输得起。

不同的性格可以让人成就不世之功，也可以让人功败垂成，足以证明赫拉克利特的那句：一个人的性格就是他的命运。

赫拉克利特（约公元前 544—公元前 483）：古希腊哲学家，富有传奇色彩，是爱菲斯学派的创始人。

152 人的心灵本来像是一张白纸。

——（英国）约翰·洛克

我们的一切知识都是建立在经验之上的。

人的适应是先天就有的，人的心灵本来像是一张纸，在它上面并没有任何天赋的标记或理念的图式。所有的这些观念，都来自外部的经验。

这张纸上将要画上什么，完全取决于你自己。

约翰·洛克（1632—1704）：英国哲学家，经验主义的代表人物，同时也是第一个全面阐述宪政民主思想的人，在哲学以及政治领域都有重要影响。

人生不可用来妥协

170

153 悬念未来的心永远是悲伤的。

——（法国）蒙田

过去已不可追寻，未来比过去还要渺茫而无法把握，为什么不抓住眼前的幸福呢？

小时候我们拼命想长大，长大后才发现还是童年最无瑕；读书时我们做梦都想工作，工作后才明白还是寒窗时光最留恋；单身时羡慕别人出双入对，结婚后才懂得单身的自由也是一种无比的幸福……我们是一路向前走，走过了也就错过了，唯有珍惜即时的拥有，生命的记忆里才会少一些悔与恨。

有些东西，注定与你无缘，你再强求，最终都会离你而去；有些人，只能是你生命中的过客，你再留恋，到头来所有的期望终究成空。不属于你的，那就放弃吧，大千世界，莽莽苍苍，我们能够拥有的毕竟有限，不要让无止境的欲求埋葬了原本的快乐与幸福。如果你想什么都抓住，最终只能什么都抓不住。

154 对于大多数人来说，他们认定自己有多幸福，就有多幸福。

——（美国）亚伯拉罕·林肯

活得糊涂的人，容易幸福；活得太清醒的人，容易烦恼。清醒的人看得太真切，凡事太过较真，烦恼无处不在；而糊涂的人，不知如何计较，虽然简单粗糙，却觅得人生的大境界。我们喜欢仰慕着别人的幸福，乍一回首，却发现自己也被别人仰望着、羡慕着。

人生在世，不需要表面的浮华，只求内心的安宁和实在，不追求不切实际的浪漫，只要生活平淡和安稳，便是人生最大的幸福。

总之，你觉得你有多幸福你就有多幸福，幸福与不幸福都在自己的心中。

亚伯拉罕·林肯（1809—1865）：美国第16任总统。他领导了美国南北战争，颁布了《解放黑人奴隶宣言》，维护了美联邦统一，被称为"伟大的解放者"。

155 不肯辛苦努力，怎可体验到美好的事物。

——（古希腊）苏格拉底

一分耕耘一分收获，未必；九分耕耘一分收获，一定。

人不应该不劳而获，而应该自食其力。生命不是安排，而是追求，人的意义也许永远没有答案，但也要尽情感受这种没有答案的人生。人生就像一杯茶，不会苦一辈子，但会苦一阵子。

一切都会过去，但是一切也都不会重来，不要怀疑。正如明天不一定会更好，但是它一定会来。而你，却再也回不到昨天。当你在奢望明天的时候，也许，最好的昨天正悄悄离你而去。

人在旅途，要不断地自我救赎。不是你倦了，就会有温暖的巢穴；不是你渴了，就会有潺潺的山泉；不是你冷了，就会有红泥小火炉。所有的收获，都是曾经的万分努力换来的。

156 青春不是人生的一段时期，而是心灵的一种状况。

——（古罗马）塞涅卡

　　在很多人的眼中，青春就是那短短的一段时期；在很多人眼中，青春是易逝的，也是留不住的。哲学家塞涅卡却告诉我们："青春不是人生的一段时期，而是心灵的一种状况。"

　　诗人萨米尔·乌尔曼也认为："所谓青春，并不是人生的某个阶段，而是一种心态。卓越的创造力、坚强的意志、艳阳般的热情、毫不退缩的进取心，以及舍弃安逸的冒险心，都是青春心态的表征。"

　　青春，并不只是美丽的容颜，也不只是年轻的身影。

　　不管你头发是否花白，不管你脸上是否布满了皱纹，只要你的心是年轻的，你就永远拥有美丽的青春。只要心中有梦，青春便不会消失在你的面前！

所有坚强都是柔软生的茧

我们要学会突破自我狭小的范围，让灵魂得到升华；我们要学会改变、学会奉献、学会给予、学会包容，让爱的玫瑰在我们的手里开花、播撒……

157 爱就是充实了的生命，正如盛满了酒的酒杯。

——（印度）泰戈尔

爱，是一种发自灵魂的芬芳，是一种深入骨髓的甜蜜，是一种无法替代的感情。爱，紧紧裹住每一个人的心灵。

爱是生命中最好的养料，哪怕只是一勺清水，也能使生命之树茁壮成长。也许这棵树比较平凡，也许这棵树很瘦小，甚至还有些枯萎，但只要有养料的浇灌，它就能长得枝繁叶茂，甚至长成参天大树。爱，是我们的生命得以绚丽的原料。因为有爱，才让我们的生命得以五彩斑斓。

人生像一首歌，一首精彩的歌，在这首歌里，我们能听到花开花谢，流水鸟鸣……一首如此动人的歌曲如果送给有爱的人，那无疑是更动听的。爱，可以把快乐加倍，把悲伤减半。有爱的乐曲更动听，有爱的图画更美丽。

泰戈尔（1861—1941）：印度诗人、哲学家和印度民族主义者。1913 年，他成为第一位获得诺贝尔文学奖的亚洲人。

158 如果是玫瑰，它总会开花的。

——（德国）歌德

常言道："是种子，就会发芽，就会破土而生；是希望就会生根。只要相信自己，对任何事情不灰心，努力拼搏，一切皆有可能。只要你有自信心，就会披荆斩棘，踏平坎坷。"

人，要对自己充满信心，才能战胜一切困难而获得最后的成功。要相信，是金子，总会发光；是玫瑰，总会开花。

自信的人是永远不会被击败的，除了你自己最后精疲力竭，无力拼搏。

自信是人生成功的基石，人的成功之路必须踏着自信的石阶步步登高。有了自信，人才能达到自己所期望达到的境界，才能成为自己所希望成功的人，坚持自己所追求的信仰。无论在什么情况下，自信者的格言都是："我想我能行的，即使现在不能，以后一定能行的！"

159 友谊的臂膀很长，足以从世界的这一头 伸到另一头。

——（法国）蒙田

生活中什么都可以缺少，唯独不能缺少友谊。真正的友谊，跨越国界；真正的友谊，跨越身份地位。

有人说：和我一同笑过的人，我可能把他忘了；但和我一同哭过的人，却永远不会忘记。这就是一种作为患难与共的朋友，永远铭刻记忆深处的友谊见证。可以想象，在同一片天空下你和他有同样的欢喜、悲伤，心里是一种什么样的感受。一个真诚的微笑，一次心灵的沟通，即使是悄然无声，也远胜过那种虚张声势的海誓山盟。

珍惜友谊，等于珍惜生命。当你拥有了真诚的友谊，你的生活天地就会宽广，你就会觉得人生海阔天空，可以抛弃一切烦恼和忧愁，深感人世间的温暖和真情。你就会深切体会到一种当你在我身边的时候，你是一切；当你不在我身边的时候，一切是你的友谊和真情。流逝的岁月可以剥夺人生原本美丽的容颜，但剥夺不了人生真诚的友谊。

岁月可以远去，容颜可以老去，友谊却是可以天长地久的。友谊是生命的正能量。

160 不能摆脱是人生的苦恼根源之一，恋爱尤其是如此。

—— (古罗马) 塞涅卡

有的东西你再喜欢也不会属于你，有的东西你再留恋也注定要放弃。人的一生也许会经历许多的放弃。

人，越是得不到的东西，越是朝思暮想，这或许就是许多人对得不到的东西苦苦追求和不能放手的原因。很多人在迫不得已放手后，总是落落寡欢，会莫名地为了一首歌、一部戏，或是一句话而泪流满面；总觉得天是黑的，云是灰的，甚至失去了生活的激情，总有一种无奈的绝望和痛彻心扉。其实，"放手"并不像很多人想象的那样痛苦；相反，你很可能在退一步之后感受到前所未有的轻松。你只是失去了一个不喜欢你的人，你只是回到了认识对方以前的日子，只有放手，你才会有机会在将来收获一份真正的爱情。

我们要学会在适当的时候放手，给对方以追求幸福的机会，同时也成全我们自己的幸福和快乐。因为，放手的同时，意想不到的快乐也会悄然降临。

真心地爱一个人不是占有，而是为了对方的幸福可以割舍自己的幸福。如果一段真情可以留住，我们当然尽力去争取，但如果爱已不复存在，我们就要懂得潇洒地放手，这是给我们所爱过的人的最珍贵的礼物。

161 曲则全，枉则直，洼则盈，
敝则新，少则得，多则惑。

——（中国）老子

"曲则全，枉则直，洼则盈，敝则新，少则得，多则惑。"

能柔曲的因而能自我保全，懂得纠正的便能变直，能低洼凹陷的则能自我充盈，懂得护守现成的稳定则能得到真正的逐渐更新，索取少则能得到更多，索取多则反而导致自身的混乱迷惑。

这六个词组虽然指六种事物和现象，其实却只反映一个道理，即采取低姿态的生存方式。这种生存姿态的具体行为方式虽然多种多样，但可以归结为一个人人皆知的道理，即"委曲求全"。

普通人只知道贪图眼前的利益，急功近利，这未必是好事。老子告诫人们：要开阔视野，要虚怀若谷，坚定地朝着自己的目标前进。但是，如果不考虑客观情况，一味蛮干，其结果只能适得其反。

生活在现实社会的人们，不可能做任何事情都一帆风顺，极有可能遇到各种困难。在这种情况下，可以先采取退让的办法等待，静观以待，然后再采取行动，从而达到自己的目标。

162 **在确保终身幸福的所有努力中，
最重要的是结识朋友。**

——（古希腊）伊壁鸠鲁

上天决定了谁是你的亲戚，但你可以选择谁是你的朋友。

真正的朋友会在整个世界都离你远去的时候，仍然与你并肩。

你渴望有个人陪伴，你希望在自己不开心的时候，有个人听你诉说；你希望在自己开心的时候，有个人与你一起分享你的快乐；你希望在自己伤心的时候，朋友的双肩可以借你依靠；你希望在自己困惑的时候，朋友能为你解忧……这便是我们需要的好朋友。

交好朋友一定要结交那些能和你同甘共苦的人做朋友。只有交好朋友，你才不会孤独，才能走好人生之路。

163 幸福是存在于心灵的平和及满足中的。

——（德国）叔本华

金钱的诱惑、权力的纷争、宦海的沉浮让人殚精竭虑，是非、成败、得失让人或喜或悲。一旦所欲难以实现，一旦所想难以成功，一旦希望落空，就会失落、失意乃至失志。

古人云："养心莫善于寡欲。"如果我们能把握住自己的心，驾驭好自己的欲望，做到寡欲无求，役物而不为物役，自然会觉得幸福了。

其实，真正的幸福源于内心的满足，而非物质的满足，因为物质是永远无法让人满足的。真正幸福的人知道什么是满足，因为在满足中才能体味什么是幸福。在幸福的人眼里，一切过分的纷争和索取都显得多余，在他们的天平上，没有比知足更容易求得心理平衡了。

弱水三千，只取一瓢饮。懂得"知足、常乐"不仅能增添生活的乐趣，生活也会因此越来越美好。所以，我们要学会知足，学会在远处欣赏人生的美景。

164 音乐和旋律，足以引导人们走进灵魂的秘境。

——（古希腊）苏格拉底

辜鸿铭曾说过："中国人过的是一种'心灵的生活'。"而音乐无疑是中国人这种"心灵生活"的一个方面。

音乐，源自人类的精神，是人类灵魂的语言。德国伟大的音乐家贝多芬认为：音乐是比一切智慧、一切哲学更高的启示。音乐将福音传给众生，使人们相信梦想、欢乐、光明的存在。它犹如一盏明灯，帮我们驱赶灵魂的黑暗，照亮心田；它犹如火红的太阳，用自己独特的光辉照耀万物生长。

音乐，就像润物无声的细雨，悄悄洗涤着人类的心灵，影响着人们的道德、意志、品格、情操。

多听高尚的音乐，会使人们的情趣高洁；多听铿锵雄壮的声音，也会使人们意志坚强起来，情绪高昂起来。当你的心灵"干燥"，需要一点滋润时，徜徉在音乐中将会是一个最佳选择。

165 拖延时间是压制恼怒的最好方式。

——（古希腊）柏拉图

人生路上会遇到许多不如意的事，磕磕绊绊也少不了，是心平气和地去化解，还是怒气冲天地去对待？

当某一事件触发了你强烈的情绪反应，在表达出情绪之前，先为自己的情绪降降温。比如，在心里对自己说："我三分钟后再发怒。"然后在心中默默地数数。不要小看这三分钟，它在很大程度上可以帮助你恢复理智，避免冲动行为的发生。

俄国文学家屠格涅夫也曾经劝告那些很容易爆发情绪的人："最好在发言之前把舌头在嘴里转上几圈。"通过时间缓冲，帮助自己的头脑冷静下来，这正是控制自己的情绪的最好办法。

因此，当和别人有了矛盾和冲突的时候，不妨给自己那么几分钟的时间，能思前想后地对待这个问题，而不是仅靠自己一时的意气用事。人生处世能让人一步，能化干戈为玉帛，是一个人为人修养的最高境界。

任何情绪都会随着时间的推移而逐渐归于平静。只要我们在情绪波动时，尽量不要说话、做事，等到情绪平复之后再说，那么就等于是很好地控制了情绪。

当一个人能够随意地控制自己的情绪的时候，那么这个人就是难以战胜的。

166 无论你怎样地表示愤怒，都不要做出任何无法挽回的事来。

——（英国）培根

愤怒是人在生活中对某人或某事不满而产生的一种情绪反应。

人在生气时是不能辨别对或错的，也不知道自己的言行举止。那一刻理智有点混乱，情绪占了上风，就算是自己错误了，也会固步自封地坚持着。如果这个时候把话说绝了，等于在自己的脖子上套个绳套，让别人有机会勒住。所以，再生气，也不要说绝话。

愤怒易使人失去理智，唯有冷静地面对一切，我们才能更好地保护自己，不让自己继续受到伤害。

愤怒易使人做出无法挽回的事情，不要让自己在事后才后悔莫及。

如果说贪欲是一剂穿肠毒药，那么愤怒就是一把刮骨的钢刀。愤怒的情绪绝不是不可改变的，只是需要我们一点一滴地好好清除。

167 当人突破了自我狭小的范围时，灵魂就有了欢乐。

——（印度）泰戈尔

"当人突破了自我狭小的范围时，灵魂就有了欢乐。"人在本质上既不是他自己的，也不是世界的奴隶，而是爱者，人类的自由和人性的完成都在于'爱'。

什么是爱？爱是给予，爱是包容，爱是赠人玫瑰手有余香，爱是海纳百川有容乃大。

为了学会爱人，我们必须先学会爱自己。爱自己就是爱生命，我们必须了解，当我们令他人快乐时，就能令自己快乐。

今天，当我们被卷入盲目工作的旋涡，当我们为了功名利禄而奔波时，就变得冷漠了，变得自私了。

我们要学会突破自我狭小的范围，让灵魂得到升华；我们要学会改变、学会奉献、学会给予、学会包容，让爱的玫瑰在我们的手里开花、播撒……

爱让灵魂得到慰藉，爱让我们快乐相随。

168 谁不能克制自己，他就永远是个奴隶。

——（德国）歌德

人的情绪，具有无比神奇的能量。它不但可以激发人的无穷动力，还可以把人推向万劫不复的深渊。因此，一旦情绪失控，就意味着行为失控，一切失控。

人一生中，总会遇到一些让我们生气的事情，我们不可避免地会动怒。然而，如果不能很好地控制，冲动的情绪便如同病毒一样，可以使你重病缠身，一蹶不振。

心平气和方能化解一切矛盾。人生路上总会遇到这样那样不如意的事情，磕磕绊绊在所难免，有时看似一件小事，却能决定你今后的命运。因此，我们要学会控制自己的情绪。

自制是一种难得的美德，冷静的人是永远的胜利者。保持你所拥有的冷静与沉着，就意味着保持住了你的胜利。

放纵自己，就会被激情和欲望的魔力牵制，不得自由。克制自己，才能驾驭自己，成就自己。要想改变人生，首先要学会克制自己。星星之火可以燎原，情绪就是有这么大的威力。一个人只有在无人监督的情况下还能坚持做正确的事，才算真正成为自己的主人。

169 幸福的时候需要忠诚的友谊，患难的时刻尤其需要。

——（古罗马）塞涅卡

人的一生有很长的路要走，幸福的时候，我们需要朋友来分享；患难的时候，我们更需要朋友来安慰。

有位哲人说：两个人分担一份痛苦，那就只有半份痛苦；两个人分享一份快乐，则有两份快乐。当你陷入困境、困窘、急迫之时，忽然得到朋友的真诚帮助，即使只是平常的一句安慰、鼓励的话语，你的心情会怎样？是否会觉得一股暖流从心底升起，于是充满信心，浑身是劲儿；当你获得成功，欣喜万分时，若得到朋友的真心祝福，你的心情又会怎样？是否感觉到很幸福。

因此，我们的人生需要友情，需要朋友。真正的快乐，不在于朋友多少，而在于是否真心相对。

友谊是一种默契，是一种历经沧桑也不会被改变的信念。人生路上，我们要仔细寻求知心的朋友，才能真正享受友情的乐趣。

远离孤独，充满自信，使你的人生道路越走越宽广。当你有了知心朋友，当你在工作上充满自信，你的事业便如虎添翼，你就又向成功靠近了一点。

170 **不太热烈的爱情才会维持久远。**

——（英国）莎士比亚

很多时候，爱情一直存在于我们的身边，只是生活的平淡让我们逐渐遗忘了它的存在。爱得久了，疲劳了，倦怠了，以为生活中只有单调和无味。

那你就错了，耀眼的烟花很美，可那瞬间的绽放之后，就不再留存任何曾经绽放的痕迹。平淡之中的况味才值得细细体味，因为那才是生活真实的滋味。

无须羡慕别人爱得持久，如果你能安于平淡，在点滴中品尝生活的真味，你也可以爱得持久。爱情不是传说，是生活，需要两个人用心去体验，去感觉，才能酿造出美丽的幸福。

爱情不需要轰轰烈烈，也不需要海誓山盟，更不需要风花雪月。平平淡淡有时也是一种幸福。只有真正的爱情才能让两人在贫困中相濡以沫，在患难中相互扶持。

如果我们有幸遇到，就千万不要错过。与相爱的人携手一生，看太阳东升西落，品人生酸甜苦辣，在平淡中白首同心。

171 爱情就像是生长在悬崖上的一朵花，
想要摘就必须要有勇气。

——（英国）莎士比亚

勇气是积蓄已久的情感化作行动前的瞬间冲动，是沉静已久的一种思想爆发，更是战胜困难实现自身价值和存在的一种力量。

生活需要勇气，爱情更需要勇气。

上天给了我们每个人爱与被爱的能力，我们有什么理由不去享受爱与被爱的过程？爱情是生命中不可或缺的主角，大胆、勇敢地去爱吧。纵然爱会让人流泪，会让人心痛，但只有去爱，才能清楚知道这其中的酸甜苦辣，因为不管是哪种滋味，这一切都是值得的。

如果一个人没有勇气，所有美好的东西只能深深埋藏；没有勇气，结果只能是后悔；没有勇气，永远都是思想的巨人，行动的矮子。

错过一个春季，春季还会再来；错过一个人，也许就永远会失去。

172 舍善而趋恶不是人类的本性。

——（古希腊）柏拉图

我们要做一个诚实的人，一个善良的人，一个勇于坚持的人。但前提是，我们要知道什么是善的，什么是恶的，什么是应该坚持维护的，什么又是坚决取缔的。只有明善在先，才能行善在后，否则就会南辕北辙，沦为一个愚蠢的生活小丑。

善良是和谐、美好之道。心中充满慈悲、善良，才能感动、温暖人间。没有善良，就不可能有内心的平和，就不可能有世界的祥和与美好。爱是基本的善良情感，遇到需要帮助的人，我们主动帮助。一个微笑、一个简单的动作、一句发自内心的问候，这对我们并不难做到，却可能因此而帮助别人走出困境。

一个善良的人就像一盏明灯，既照亮了周遭的人，也温暖了自己。

现实人生，怀着一颗平等爱人之心，与周围的人们友善、和睦地相处，无论对于他人还是我们自己的人生都是大有裨益的。

173 真正的友谊既能容忍朋友提出的劝告，又有使自己接受劝告。

——（古罗马）西塞罗

朋友是幸福的种子，是情感的寄存室，也是心灵漂流的舟。朋友如伞，能为游荡在愁风苦雨中的人遮去几分风寒；朋友又似舟，可以载着你斩破骇浪划向心的彼岸。

什么样的朋友才称得上真正的朋友？

不因距离的远近而改变，才是真正的朋友；每当痛苦孤单的时候就想到来找你的，才是真正的朋友；关键的时候能帮上你忙的人，才是真正的朋友；能给你指出缺点、提出意见的，才是真正的朋友。

真正的朋友让我们觉得生命中多了许多美丽，如果你生命中有真正的朋友，那就怀着感恩的心情，好好珍惜吧！

174 生气是拿别人做的错事来惩罚自己。

——（古希腊）柏拉图

常常，世人将自己的喜怒哀乐掌控在他人的一颦一笑间；常常，人们因为一句话而耿耿于怀，因为一件小事而坐困愁城；常常，人们因为别人犯的错而让自己大发雷霆。这一切，都是因为人们对自己缺少一份控制力。

生命中有风和日丽，亦有云遮雾障；有沁人心脾的甜，就会有彻骨的痛，谁都无法改变。所以，无论你遭遇了什么，都不要一味地去生气。

对别人生气1分钟，自己就失去60秒的快乐。

人生短短几十年，何不让自己活得快活一点，潇洒一点。何必整天为一些鸡毛蒜皮的小事而生气呢？若心透明一些，多一点儿包容，少一些计较，那么我们就不会为一些小事而生气，也不会为了一些不顺心的事而烦恼。

不生气是一种好心态，更是一种好活法，是一种精神的解脱，更是一种理智的选择！

175 **暗恋是世界上最美丽的爱情。**

——（古希腊）苏格拉底

　　这个世界上最真挚、最洁净、最让人心酸的情感就是暗恋。默默地关注一个人，静静地期盼一份可能永远也不会降临的爱情，不想让对方知道，也不想对世人公布。在深邃的月光下，看得见对方若隐若现的身影，却摸不到对方飘动的衣袂；闻得着对方身上淡淡的烟草味，却不去依偎对方温暖的胸怀，这是怎样的一种情感？

　　这世上，最美的相遇是擦肩，最美的爱情是暗恋。

　　暗恋的一方不说，也许是不想说，也许是不能说。因为有一种东西，一旦说出口就不再美丽了。也许暗恋者有着强烈的自尊和自卑，怕遭受伤害，怕一旦爱恋不成，连朋友都做不成了。

　　暗恋者，生活在虚拟的月光下，陶醉在想象的云彩里，痛苦着自己的痛苦，孤独着自己的孤独。他们几个月、几年、甚至十几年地爱着一个人，独自品尝着无人回应的空洞。虽然如此，暗恋却是世界上最美丽的爱情。

176 羽毛相同的鸟，自会聚在一起。

—— （古希腊）亚里士多德

人这一辈子，可以没有钱，可以没有权，甚至可以失去生活的物质来源，却不能没有朋友。

没有朋友的生活犹如一杯没有加糖的咖啡，苦涩难咽；没有朋友的生活，孤单寂寞，生命将变得黯然失色。

所以，我们需要朋友，我们需要可以陪我们一起哭、一起笑、一起走过风霜雨雪、一起感受爱恨癫狂的朋友。

人生在世，朋友的构成决定了我们人生的格局。所谓"物以类聚，人以群分"。

"道不同，不相为谋。"

"志合者，不以山海为远；道乖者，不以咫尺为近。"

这些都是在告诉我们：志同道合的朋友才是真正的朋友。

"人生离不开友谊，但要得到真正的友谊才是不容易；友谊总需要忠诚去播种，用热情去灌溉，用原则去培养，用谅解去护理。"

一个人活在世上，朋友的扶助可以说是你重要的生存条件。把握好朋友间的温度，你会因为友谊的呵护而快乐每一天。

177 我们有两只耳朵，但只有一张嘴，所以应该多听少说。

——（古希腊）芝诺

戴尔·卡耐基说："如果你希望成为一个善于谈话的人，就要做一个注意倾听的人。"

国外有句谚语也说："用十秒钟的时间讲，用十分钟的时间听。"

我们有两只耳朵，却只有一张嘴，用意无非是让我们多听少说。

"多听"，就是多听别人说。听别人的做事经验，听别人的人际恩怨，听别人话语透露出来的有关周围环境的讯息……你多听，别人就会因为你"多听"而多说，他说得越多，你知道得越多。

"少说"，能多听，自然就会少说。少说不但可以"引导"对方多说，还可以避免流露自己的内心秘密，更可以避免说错话，得罪别人。少说才能沉稳，少说才不至于惹祸上身。少说，你就成为一个冷静的旁观者，一切的一切，都在你的掌握之中。

说话并非韩信将兵，多多益善。懂得多听少说才是一个智慧的人应该做的。

生活中需要倾听，也少不了倾听。用心去倾听朋友的一个善意的提醒，一个严厉的批评，将使你改正错误不至偏离原来的目标；用心去听父母的一次次唠叨，你就会明白，生活之中处处充满关爱，使你在爱的润泽下健康成长。

一次次的倾听，带来一次次的收获，促使我们再一次地学会倾听，促使我们珍惜身边的一切事物。

芝诺（约公元前490—公元前425）：古希腊哲学家、数学家，埃利亚学派代表人物，以芝诺悖论著称。

178 人性一个最特别的弱点就是：
在意别人如何看待自己。

——（德国）叔本华

　　我们总是可以听到"我在乎别人怎样看我"的声音。生活中，很多人都容易受到外界的影响，甚至将对自己的评价和认识建立在他人的评价之上。

　　因为在意别人的评价而否定自己、怀疑自己、贬低自己，是一种不理智的行为。因为只有正确地评价自己、承认自己的价值，才有可能实现自己的梦想。

　　人要学会把握自己的心，不要在乎别人怎么看待自己，重要的是自己如何看待自己。

　　我们每个人都会有这样或那样的缺点，毕竟人无完人，这些缺点或许直接影响到别人对自己的评价，但这不重要，只要自己一直坚信自己，就会发现别人眼中的不可能已经成为现实。

　　无论生活多么繁重，无论承受怎样的压力，我们都应该在尘世的喧嚣中，在尘世的繁忙中，找到这份不可多得的恬静。给自己的心灵一点安慰吧！给自己的心灵一份放松！让自己属于自己，让自己鼓励自己，让自己做回自己。

　　走自己的路，让别人说去吧！

179 一个骄傲的人，结果总是在 骄傲里毁灭了自己。

——（英国）莎士比亚

骄傲是一种狂妄的表现，也是一种无知的表现。有些人虽然有点才华，但总不成功，根本原因就是骄傲了，得意忘形。所以这类人常常在无意中伤人，也常常因为这种无心而受伤。

居功自傲的人是目光短浅的，他们容易因为一次两次的成功就自以为是，放弃继续进步的旅程。世界上没有真正的巅峰，只要生命在，我们就应该继续努力，继承了这样的美德，才能保有一颗谦虚之心。自吹自擂、自我膨胀只会导致梦想破灭。

谦虚使人进步，骄傲使人落后。中国几千年的历史告诉我们：谦虚不但是人类的美德，更是一种从容的心态。拥有谦虚之心，才能给人生留出更大的空间。

有了不上巅峰的坦然，才能爬上更高的山峰。没有最高，只有更高，谦虚的人生是不断进步、不断高攀的人生。

谦虚是一种美好的道德修养，有了这样的修养，人生才更加美丽和充实。常怀有谦虚的心态，才能不断地自我升华、不断地吸收精华，才能天天都有新的进步。

180 浪费时间是一桩大罪过。

——（法国）卢梭

　　生命的旅程不是太短，而是生命得不到珍惜的时间太长；青春的梦想短暂并不可怕，可怕的是青春躺在舒服的大树下睡着了；人生旅途失去的并不可怕，可怕的是执着于失去的念头。

　　时间是最平凡的，也是最珍贵的。金钱买不到它，地位留不住它。时间是构成一个人生命的材料。每个人的生命都是有限的，同样，属于一个人的时间也是有限的，它一分一秒，稍纵即逝。

　　时间的流速令人难以估计，无法形容。树枯了，有再青的机会；花谢了，有再开的时候；燕子去了，有再回来的时刻；然而，人的生命要是结束了，用完了自己有限的时间，就再也没有复活、挽回的机会了。

181 愤怒以愚蠢开始，以后悔告终。

——（古希腊）毕达哥拉斯

有人说："在所有不愉快的情绪中，愤怒是最难摆脱，也是最难控制的，是最具诱惑性的负面情绪。因为人在发怒的时候，很容易失去理智，让周围的人觉得你很不可理喻。"

培根曾经说过："愤怒，就像地雷，碰到任何东西都一同毁灭。"

如果我们心中充满了愤怒，它不但会伤到别人，更会毁掉你的一切，使你在芸芸众生中迷失自我。

人生最大的悲哀，就是让别人来控制他们的心情。

当我们容许别人掌控我们的情绪时，我们便觉得自己是受害者，对现况无能为力，抱怨与愤怒成为我们唯一的选择。

我们似乎承认自己无法掌控自己，只能可怜地任人摆布，其实一切都掌握在你自己的手里。

冷静会使人更有智慧。遇到什么事，保持冷静，才会把事情办得有条有理，才会有好的结果。

"心灵是它自己的殿堂，它可以是天堂中的地狱，也可以是地狱中的天堂。"生活在天堂还是地狱，选择在你。

182 人莫鉴于流水而鉴于止水，唯止能止众止。

——（中国）庄子

一个人不能在流动的水面照见自己的身影而是要面向静止的水面，只有静止的事物才能使别的事物也静止下来。

人的内心就像流水一样，如果一直动荡不安，就永远不能悟道，也就不能认识自己。想要看清自己的内心，发现自己内心所潜藏的真正力量，就必须要把心中的杂念、妄想静止，才可以明心见性。

"唯止能止众"。只有真的安静下来，平稳下来，到达"止"的境界，才能够使心像止水一样澄清。然后才能开启智慧之门。

"止"也就是静心，静心是我们心灵的治疗师。不论人生处于低潮还是高潮，不论你是开心还是不开心，它都是让我们身心健康、性情圆满的唯一途径，使我们在漫漫长路中随时随地都保持清醒。只有当一个人的心境沉淀下来，才能看见自己的心，感知快乐。

佛曰：一花一世界，一木一浮生，一草一天堂，一叶一如来，一砂一极乐，一方一净土，一笑一尘缘，一念一清静。心动则行动，心静则心境。只有静，才能在喧嚣的尘世中不断反省自己，做到内观其心，外观其表；只有静，才能不断明确自己所追求的目标，不至于因为世俗的诱惑，偏离目标太远。人性之静，人心之静，靠培养。

人生不可用来妥协

庄子（约前369—前286）：即庄周，中国著名的哲学家、思想家、文学家。与道家始祖老子并称为"老庄"，他们的哲学思想体系被思想学术界尊为"老庄哲学"。

183 这个世界上有两种人，一种是快乐的猪，
一种是痛苦的人。

——（古希腊）苏格拉底

人一生遇到不顺心的事太多，如果每一件都斤斤计较放不下，就很难有快乐的时候。快乐是一种心情，只有心性坦然，不去过多计较生活中的纷扰，没有世俗的附庸与不安，心胸才能如大海般宽广，心情才能如蓝天般明净。这是比拥有再多的财富与虚名更为真实的快乐人生，计较的越多，失去的也越多。

人们常常认为快乐人生的秘诀在于找到生活的平衡。我想：平衡虽然是必要的，但不是最关键的。丰盛人生的关键不在于找到生活的平衡，而是首先找到人生的中心。正确的人生中心决定了平衡的内容和永恒的动态关系，错误的人生中心可能也会获得短暂的平衡，但可能不会持续永恒的和谐。

人生载不动太多的烦恼和忧愁，唯有内心泰然、坦然，才能无往而不乐。如果我们能够持有一颗平常心，坐看云起云落、花开花谢，一任沧桑，就能获得一份云水悠悠的好心情！

184 大海之所以伟大，除了它美丽、壮阔、坦荡外，还有一种自我净化的功能。

——（德国）康德

    一个人，在尘世间走得太久了，心灵不可避免地会沾染上尘埃，使原来洁净的心灵受到污染和蒙蔽。心理学家曾说过："人是最会制造垃圾污染自己的动物之一。"

    其实，心灵的房间也是如此，如果不把污染心灵的废物清除，势必会造成心灵的垃圾成堆，而原来纯净无污染的内心世界，亦将变成满地污水，使你变得更贪婪、更腐朽、更不可救药。

    大海自我净化的能力，是保持生机活力的一个重要保障，对我们的日常生活各方面均有很多启迪。"物洗则洁，心洗则清。"经常净化身体和心灵，便会洗出一个完美、全新的自我。如果我们拥有自我净化自己的能力，便能从容应对外在的一切，从而进退自如，左右逢源。

    人的一生，就像一次旅行，沿途有数不尽的坎坷波折，但也有看不完的春花秋月。

    如果我们的心总是被灰暗的风尘所覆盖，干涸了心泉、黯淡了目光、失去了生机、丧失了斗志，我们的人生轨迹岂能美好？

185 江海所以能为百谷王者，以其善下之，故能为百谷王。

——（中国）老子

"江海所以能为百谷王者，以其善下之，故能为百谷王。"

江海之所以能成为百川之王，就是因为它将自己处在一个低下的位置上。从智慧的角度来讲，江海是非常谦虚廉政的，总是以低姿态、高标准要求自己，不自视伟大，不以大欺小，所以才能得到万流的敬仰和拥护，也最终成为无人能争的万流之王。

我们做人处世也是同样的道理，大到治理一个国家，小到不足几个人的小公司，都是一样的。身为君王，要想国家昌盛发达，成为万民所景仰的圣贤之君，就应该有江海一样的胸怀和品行，做到真正的谦虚和廉正，时刻把人民的利益放在首位，礼贤下士，不妄自尊大。

做人，只有谦虚、不自大，才能赢得别人的尊重与拥护。

自古以来，无人不在争夺高位。然而能够甘居低位的人，在大众的世界里，是一种服从。

186 美具有引人向善的作用和力量。

——（古希腊）柏拉图

犹太作家威塞尔先生曾说："美的反面不是丑，是冷漠；信仰的反面不是异端，是冷漠；生命的反面不是死亡，是冷漠。"社会什么时候都有丑恶，关键是不能让丑恶大行其道而人们默不作声。同时，社会什么时候都不乏"美"，关键是要让"美"及时彰显，引人向善。

当你心地善良、当你自然大方、当你关怀他人、当你散发优雅气质的时候，一切的美丽都在刹那间展露无遗。

送人玫瑰，留下一缕芬芳。当我们拥有一颗善良的心帮助别人的时候，往往能为我们带来意想不到的回报。

美，有这样的力量；善，同样有这样的力量。

187 从哲学中，我至少学会了要做好准备去迎接各种命运。

——（古希腊）第欧根尼

哲学，是启迪人生智慧的学科。开启智慧才会懂得如何迎接各种命运。

我们每个人都会面临若干种决定自己命运走向的选择。当人生的十字路口出现在我们面前时，每一个路口都是那么陌生，我们不知道哪一个路口的方向是正确的，我们又应该选择哪一个路口。

哲学告诉我们：人生路上要经历各种挫折与磨难，看你怎样去面对；哲学告诉我们：平庸与成功的人差别并不大，看你与机遇有没有缘；哲学告诉我们：不要向命运低头，痛苦更能激发人。

哲学的目的是引人思考，从哲学中我们要学会做好准备迎接各种命运。

如果每个人都敢于思考真理，并勇于探索实践，我们将不再困惑和负疚，我们要像哲学家一样去思考人生、思考命运、审视人生。

第欧根尼（约公元前413—公元前323）：古希腊哲学家，出生于一个银行家家庭，犬儒学派的代表人物。活跃于公元前4世纪，生于锡诺帕，卒于科林斯。

188 坚强的信心，能使平凡的人做出惊人的事业。

——（法国）伏尔泰

波斯菊的花语被大众所知，有美好、和谐之意，但它还有另一个寓意就是坚强。无论生长环境多么恶劣，都能开出美丽的花朵。我们观赏、赞美美丽的事物时，随波逐流地只看到它们表面的美好，往往忽略它们为这一刻散发出的美丽所囤积的力量背后的隐忍、坚强。

不管你的过去经历过多大的失败，它们都不能把你今天的信心抹杀。

如果你曾经相信自己有过人的才华，或者曾有过还未实现的如济世般伟大的理想，就不要轻言放弃。因为无数事实告诉我们，即使在情况恶劣的时候，只要静心等待，只要不失去希望，只要仍有信心，就能等来柳暗花明的那一天。

梅花香自苦寒来，在风雪陡峭的寒冬，迎着皑皑白雪开出天地间那唯我独尊的一抹红。厚积而薄发，生命的灿烂在于坚强的信心，在于坚持不懈的努力。

189 对待别人要能克制忍让，不可怀有仇恨。

——（美国）富兰克林

古往今来，人世间多少憾事、多少不幸、多少悲剧、多少恐怖，就是因为人与人之间的争强斗狠，不能相互忍耐而发生的。有无数人因情绪偏激而付出了高昂的代价，因不能够忍耐而毁了自己的前程。

面对想要爆发的脾气，我们需要忍；面对不耐烦的性子，我们需要忍；面对困顿不堪，我们需要忍。

忍让是一种眼光和美德。能克己忍让的人，是深刻而有力量的，是雄才大略的表现。

然而，无论是事实还是愿望，人都要忍耐。为生活，为理想，为志向，甚至为了日常的闲言碎语，都要忍受着。

忍让是一种德行，一种度量。学会忍让，不仅是一种修养，还是为人处世的一种"智慧"。

忍让是一种浓厚的涵养，它是一种善待生活、善待别人的境界，能陶冶人的情操，带给你心灵的恬淡与宁静。

190 善良的心地，就是黄金。

善良能驱除消沉者心灵的阴霾，使他们看到生活的美丽，看到希望的绚丽；善良能消融失意者心灵的雾障，使他们信心百倍、勇气大增。

善良是沙滩上的粒粒细沙，看似平凡，但又无处不在，于细微处见精神；善良可以是千金馈赠、扶贫济困的义举，也可以是助人为乐、救苦救难的行为。

一个善良的人，他的内心是富有的，他会像一棵大树一样盛开出满枝的花朵，感染身边的每一个人。善良就像种子一样，总是能最大限度地传播到它所能到达的每一个角落，然后生根发芽。善良，繁衍着人类的生存，绵延着爱的滋润。

善良的人对别人行善，自己的一生会生活在爱的幸福里。因为我们的付出，可能帮助一个人走出困境，或者帮助一个人获得新生。好比盛开的花朵，为世间提供了美丽和芳香，为蜜蜂、蝴蝶提供了食物，也美丽了自己的一生，这样难道不好吗？

没有一个善良的灵魂，就没有美德可言。善良是我们不可或缺的美德，是我们应当具有的天然品质。

人生不可用来妥协

210

人生最坏的结局，也不过是大器晚成

人，只有从内心告诫自己，要知足，不困于名缰，不缚于利索，以平常心、宁静心面对周围的一切，真诚、善良地为人、处世，才能赢得人生的至乐！

191 时间是什么？没人问我的时候，我很明白；有人问我时，我很茫然。

——（古罗马）奥古斯丁

时间是什么？

我们无法回答，因为我们触摸不到。

我们能够触摸随着时间长大的树木，感受着它的变化，但是我们无法触摸时间。我们看着太阳东升西落，却无法看见时间。我们出生、长大、变老、死亡，却感觉不到时间在我们身上掠过。我们把时间分为年、月、日、小时、分钟、秒等，却不能看见时间确定的线段。

我们可以确定的是，我们有昨天、今天和明天，有历史、现实和理想，有过去、现在和未来。时间和我们的人生扭成了一根绳，我们沿着这根绳前行的同时，不时地回头看看以往的结，时间为我们的每一步都做下了相应的标记。我们也望着前行的路，梦想着、计划着、期待着在这根绳上再打上一个结。

其实，时间就是一切，时间就是生命，珍惜时间就是珍惜生命，浪费时间就是浪费生命！

192 幸福属于满足的人们。

——（古希腊）亚里士多德

幸福是什么？

对于饥者，幸福是一箪食、一瓢饮；对于寒者，幸福是一身棉、一炉炭；对于学者，幸福是一本书；而对于那些永远不知足、欲壑难填者，幸福则是一种永远无法找到的感觉。

"谁不知足，谁就不会幸福，即使他是世界的主宰也不例外。"心里放不下身外物，于是欲望便随之产生，烦恼紧跟而来。只有放下一切，用宁静的心拥抱世界，才能世事洞明。

"布衣桑饭，可乐终身"是古人一种知足常乐的典范；"淡泊明志，宁静致远"中蕴含着诸葛亮知足常乐的清雅高洁。知足的人，当看到自己的欲望难以达到时，懂得理智地抑制不切实际的欲望，因而"只知耕耘，不问收获"。这样的人一般不会欲壑难填，不会被功名利禄所累。

无论何时何地，我们要学会用心去感受幸福。

"随遇而安"，"知足常乐"，没有过多的要求，便能感到满足。有些东西锦上添花时便会被忽视，只有雪中送炭时方觉出一份幸福。

幸福其实很简单，懂得满足，人生就会充满快乐。

193 荣誉就像河流：轻浮的和空虚的荣誉浮在河面上，沉重的和厚实的荣誉沉在河底里。

——（英国）培根

　　培根说："荣誉就像河流，轻浮的和空虚的荣誉浮在河面上，沉重的和厚实的荣誉沉在河底里。"轻浮和空虚的荣誉，对人生是有害的。一个人只有做到不追求虚假的、浮夸的、表面的荣誉，才能真正拥有"厚实"的荣誉。

　　拥有荣誉固然重要，但是拥有一颗不被荣誉收买的心更重要。拥有淡泊的心境，才会将种种轻浮和空虚的东西抛得无影无踪。

　　淡泊，是一种源自心灵的宁静，是一股清爽的山涧泉水。没有像山一样沉静的心灵，决不会拥有这种豁达的人生态度。要真正守住一份淡泊，必须修得一种乐观豁达、世事洞明而又怡然自得的心境。少一些患得患失，少一些心浮气躁，多一些精力去奉献，多一些时间来学习，在悠长的岁月中，走好自己平稳而又充实的人生之路，在实现自己高远志向的过程中，更好地体现人生的价值。

194 名与身孰亲？身与货孰多？得与亡孰病？

——（中国）老子

名与身孰亲？身与货孰多？得与亡孰病？

外在的名声和生命相比，哪一样与你更亲近呢？生命与财富相比，哪一样对你更重要呢？获得世界与丧失生命，哪一样才是有害的呢？

过分的爱名就必定要付出重大的付出，过多的藏货就必定会招致惨重的损失。所以，知道满足就不会受到屈辱，知道适可而止就不会带来危险，这样才可以保持长久。

当代社会无处不充满着名利的气息，古时候那种"采菊东篱下，悠然见南山"的生活已经变成了奢侈。人们为着生存和发展而互相竞争着，每个人都像绷紧的弦一样，被时代的洪流和自身的欲望驱使着向前奔跑。

我们是不是应该稍稍放缓脚步，让自己的人生从容一些、健康一些呢？

如果没有了健康，一切都等于零。当你真的将生命透支以后，你能知道自己还能走多远吗？

生命对于每个人都只有一次，没有任何事可以成为你破坏健康的理由。

健康地活着，不是因为要坚强，是因为别无选择，生命是尊贵的。

当我们为着责任和理想而努力拼搏的时候，千万要注意一个度，不妨时常问问自己："名利和生命哪个更重要？"

若能体会到道家的清淡无为、潇洒度世的精华，或许，你的人生之路会走得更远、更好。

195 千里之行，始于足下。

——（中国）老子

水滴石穿，并非依靠猛劲儿，而是靠持之以恒的滴落；千里之行，并不是一天到达的，而是一步步坚持不停地向前迈动的结果。

"万丈高楼平地起"，再高的大楼都要从平地把基础打牢。

谁都能做好一件简单的事情，但不一定能做成大事情。谁如果只想做大事情，却连一件简单的事情都做不好，或不愿意去做，就一定做不成大事业。

可见，无论做什么事情，无论是做世界上最容易的事情，还是做世界上最难的事情，都少不了"积累"和"坚持"。

没有坚持不懈的精神，再容易的事情都会变难；有了坚持不懈的精神，再困难的事情都会变容易。

要成功，光有梦想是不够的，还必须拥有要成功的决心及确切的行动。请记住这句话：再长的路，一步一步总能走完；再短的路，不去迈开双脚将永远无法到达。再多一点努力，多一点坚持，你会惊奇地发现：空气里到处都穿行着绚烂的成功之花。

196 成事不说，遂事不谏，既往不咎。

——（中国）孔子

春风秋雨，花开花落，人们总是喜欢对不经意间消逝的一切扼腕叹息。

放弃过去一些让你感觉不愉快的事情，放弃心中积攒下来的烦恼和忧愁，放弃失恋的痛楚，放弃对权力的角逐，放弃对虚名的争夺，放弃职场竞争中的败落，放弃一切不必要的负担……放弃会使你显得更精明、更能干、更有力量，放弃会使你变得乐观、豁达、充满智慧。

有时候，失去的不一定是忧伤，反而是一种美丽；失去的不一定是损失，反倒是一种奉献。

学会放弃，是一种人生哲学；敢于放弃，是一种生存魄力，更是一种良好的心态。

有所舍弃，才能有所获取；有所不为，才能有所作为。把曾经遭受的困难和挫折转化成前进的动力，把曾经犯过的错误转化成获取成功的经验教训，随时保持一个全新的自我，一个轻松自在的自我。

在人生的旅途中，该舍弃时就要舍弃，轻装上阵，才能获得快乐的人生！

197 **不义而富且贵，于我如浮云。**

——（中国）孔子

用不正当的方式得到的富足和尊贵，在我看来犹如浮云一般。

金钱固然重要，但是我们需要的是"取之有道"，我们需要的是靠自己的努力得到金钱。而此时在金钱之外，还有很多比金钱更重要的，比如个人能力的体现、价值的体现。

金钱不能决定一个人的生活状态，特别是精神状态。

财富是幸福生活的基础，但并不能因此过于看重财富。因为金钱可以增强幸福感，也可以削弱幸福感，这一切全在于能否正确看待和使用金钱。

财富未必能够给我们带来快乐，未必能够给我们带来踏实的生活。生活的真谛：快乐的秘密与财富无关。

198 荣誉的桂冠是用荆棘编织而成的。

——（苏格兰）卡莱尔

在人生的旅途中，总是欢乐与悲伤并存，顺利与挫折交错，顺心和失意重叠。区别是那些有所作为的人，在前进的道路上，常常是先有"山重水复疑无路"的逆境，几经奋斗，才迎来"柳暗花明又一村"的坦途。

要想成为人上人，须先吃得苦中苦。

人生是很累的，你现在不累，以后就会更累；人生是很苦的，你现在不苦，以后就会更苦。就像一盒苦甜参半的果子，早点吃了苦的，剩下的就是甜的。唯累过，方得闲；唯苦过，方知甜。

人生的道路并非尽是坦途，正是崎岖让人生增添了许多韵味，平坦反而会令人生失去应有的光彩。崎岖之中包含智慧和成熟，平坦之中包含的却是无趣与空虚。

成长的过程其实就是不断战胜磨难的过程，只有经历磨难的人生，才能点燃生命的辉煌。只有具备了淡然如云、微笑如花的人生态度，任何困难和不幸才能被砌成通向平安的阶梯。

199 一切隐逸的目的，我相信都如出一辙：要更安闲、更舒适地生活。

—— （法国）蒙田

你是否被繁杂的工作搞得疲惫不堪？是否被清晨的闹钟催得心烦意乱？是否被一堆家务累得筋疲力尽？如果是这样，你需要停下来享受一下生活了。

你可以选择一个独立的空间：一个假日的午后，或一个周末的清晨，享受那来自每一个细节的从容。一个人，静静的，不要担心时光正从身边缓缓流逝，不要考虑明天将要面对的烦恼。享受着，就是忘掉一切的理由。

心灵需要放松，心灵需要一片净土。心灵好比一幅水墨丹青，过分复杂拥挤的构图，只会破坏它原有的韵致。只有留出足够令人遐想的余地，方能充分显出它的美丽。所以，当你感觉疲惫不堪时，当你感觉筋疲力尽时，你有必要为自己留出一方不受打扰的空间，给心灵一段完全没有压力与约束的时间。

觉得累了的时候，不妨停下脚步，让自己休息一下吧！要知道，休息不是懒惰，而是为了更好地前进。

200 即使是普通的孩子，只要教育得法，也会成为不平凡的人。

—— （法国）爱尔维修

孩子的心灵是一块神奇的土地，播上思想的种子，就会获得行为的收获；播上行为的种子，就会获得习惯的收获；播上习惯的种子，就会获得品德的收获；播上品德的种子，就会获得命运的收获。

即使是普通的孩子，只要教育得法，也会成为不平凡的人。

形状奇怪的树根如果想要按照普通的方法做成木材，不过是废料一根，而如果经过根雕家按某种形象稍加雕琢，便会成为举世无双的工艺精品。

世间没有不可教育的人才，只有不同的教育方法。无论是家庭教育还是学校教育，对孩子的健康成长都是至关重要的，既为孩子的一生打基础，又深刻影响孩子的整个人生。

我们既然无法用一生一世去守候呵护孩子，就应该赠送给孩子一对臂膀和一片风帆，让他们扬帆起航，去经历风雨，去劈波斩浪，去拼搏出属于自己的海阔天空！

我们既然无法陪孩子走完一生一世，就应该让孩子接受正确的教育、正确的指导，才不会让孩子的一生在碌碌无为中度过，才会让孩子成为一个不平凡的人。

爱尔维修（1715—1771）：法国启蒙思想家，18 世纪法国唯物主义哲学家。

201 通往幸福最错误的途径莫过于名利、宴乐
与奢华生活。

——（德国）叔本华

　　生活原不苦，苦的是欲望过多；心灵本无累，累的是攫取太甚。人生的历程，就是欲壑渐少，追逐递减；命运的深层次意义，就是要学会放弃和等待，放弃一切喧嚣浮华，等待灵魂慢慢地安静。昨天再苦，也要用今天的微笑，把它吟咏成一段从容的记忆；曾经再累，也要用当下的遗忘，穿越万道红尘，让心波澜不惊。

　　许多人的一生就是为欲望所左右，浪费在名利上，浪费在追求奢华的生活上，失去了人类原本应该享受的简单、快乐的生活。

　　如果我们自己没有几分淡泊的心态，无法摆脱外界的侵袭，欲望就会让你痛苦不堪。如果你不能对现有的一切感到满足，那么纵使让你拥有全世界，你也不会感到幸福的。过多的欲望是痛苦的来源，知足常乐才是一个人最大的财富。

　　淡泊是一种修养、一种品质、一种德行，是一种为人者所能达到的极高的思想境界。淡泊，不是没有欲望。属于我的，当仁不让；不属于我的，千金难动我心。这就是一种淡泊。

202 青年期是增长才智的时期，老年期则是运用
   才智的时期。

——（法国）卢梭

人生是一个自我磨炼、自我完善的过程。几十年的时间，前面一段不懂世事，后面一段干不了事，剩下能干事的是中间一段，正是青年到壮年的宝贵时间。若不能把握，就一瞬即逝，万事成蹉跎。

青年期正是发奋学习、积累经验、不断提高自身能力的关键时期。我们的祖先历来告诫年轻人："少壮不努力，老大徒伤悲。"即使对老年人，也倡导"老骥伏枥，志在千里"和"不需扬鞭自奋蹄"的学习精神。

爱默生有言："智慧的可靠标志就是能够在平凡中发现奇迹。"一个有智慧的人，会不断学习新的知识，并且利用这些知识成就自己的人生。

青年期正是增长才智的最佳时期，千万不要等到老年时才有"书到用时方恨少""早知道年轻时就多学点东西"的感叹。

203 逝者如斯夫，不舍昼夜。

——（中国）孔子

　　人生短暂，如何规划自己的时间，如何管理好自己的时间，使自己在有限的时间内做出不朽的业绩呢？

　　这世上没有利用不了的时间，只有自己不利用的时间。争取时间的唯一办法是善用时间。

　　人的生命是有限的，假如你善于有效利用并管理好自己的时间，投入最少的时间，取得最大的效益，在有限的生命时间里做出不朽的业绩，这样的人生无疑是一种快乐的人生。

204 宠辱若惊，大患若身。

——（中国）老子

何为宠辱若惊？得之若惊，失之若惊，是谓宠辱若惊。何谓大患若身？吾所以有大患者，为吾有身；及吾无身，吾有何患？

只有做到"淡泊明志，宠辱不惊"，才能看透世事的险恶，做到"不以物喜，不以己悲"，获得心灵的宁静。

作为普通人，我们常有的是宠辱若惊，既不淡泊也不明智，因此宠辱不惊的人生修养要拥有很豁达的心胸才能做到。但是并不是因为我们平凡就达不到这种境界，人生境界的高低不在于个人社会地位的高低，而在于眼界的高低。

如果你的胸怀宽广，能够承载很多得意与失意，那么你就可以从容地走完一生。

205 庸人费心消磨时光，能人费尽心机利用时光。

——（德国）叔本华

时间是平凡而常见的，它从早到晚都在运行，无声无息、一分一秒地运行着。人要成大事就要利用好每一天，珍惜每一刻，不要轻易地放过它。当我们站在沙漠中感叹它的壮观时，我们是否想过，如此壮观让人难以征服的沙漠却是由一粒粒的沙组成；当我们仰望星空，看着那震撼人心的星河，我们是否想过，那么璀璨的美丽也是由一颗颗星星组成的。看着这些壮观而美丽的景色，我们没有理由不珍惜我们的每一天。

你所浪费的今天，是昨天死去的人奢望的明天；你所厌恶的现在，是未来的你回不去的曾经。

只有那些懂得珍惜时间的人，时间才会珍爱他们。

我们可以忙，但绝不能瞎忙，也不能穷忙，我们一定要有目标，有方法地去忙。知道自己为什么而忙，知道自己忙什么。所以，我们要学会主宰时间，利用时间，支配时间，在有限的时间内学习更多的知识，做自己想做的事情，只有赢得了它的价值，这样我们的人生才有意义。

我们眼前的时间联系着我们的未来，能否把握好自己的时间，决定了未来是否能够成功。你的时间，你把握了吗？

206 你的人生就是你的生命之旅。

——（德国）尼采

去体验人生吧，勇敢地去体验吧。

不要如同过客一样仅用双眼观望然后就离去，而是要用自己的全部身心去深入体验自己的人生。

这并非简单地体验人生，而是要用心地经历，深刻地体会，将自己的全部身心投入自己的人生当中。

这是由于你的人生就是你的生命之旅。

207 死生，命也，其夜有旦之常，天也。

——（中国）庄子

一个人的降生是依循着自然界的运动而生，一个人的死亡也只是事物转化的结果。生若浮游天地之间，死若休息于宇宙怀抱，一切都没什么大惊小怪的。生也好，死也罢，平平常常，没什么可怕的。

生死都是自然现象。生与死组成了一个生灭不已的动态过程，生命日夜汇流向死亡的海洋，死亡的海洋是孕育新生命的摇篮。所以，我们对死亡要看得洒脱些，淡泊些。

死是另一种存在，相对于生，只会生活是一种残缺。

承认生命的自然属性，当生则生，不当生则不生。生则好好生活，死则超然以对。这才是真正的解脱，真正超越生死的人生态度。

208 为学日益，为道日损。

——（中国）老子

去除杂念，说起来容易，做起来难。因为人们往往对功名、财富的追求永远也不满足。欲望就像是一条锁链，牵着一个永远也无法达到的终点。

其实，有些人并不清楚自己真正想要追求的是什么，只是漫无目的地随波逐流，埋葬了自己真正的幸福。

诱惑或许可以让人们得到短暂的快乐，但它却是滋生脆弱和麻木的温床，让人们忍受不了生活的艰辛和困苦，忘却生活的目标和方向，放弃对理想和美好愿望的追求。

放弃诱惑是幸福的。眼中没有了诱惑，生活就变得平淡而恬静；没有了诱惑，人就变得安然而洒脱。

"万古长空，一朝风月。"也就是让我们放下一切虚荣、偏见、成见，把每一个闪光的灵感和贪念，都化作一道道清泉，来扑灭各种欲望之火。淡泊名利，知足常乐，这才是我们应该追求的"大道"。

209 罪莫大于可欲，祸莫大于不知足。

——（中国）老子

没有比放纵欲望更大的罪恶了，没有比不知足更大的灾祸了。

要知道，贪心和不知足只会给我们带来不幸和灾难，不会给我们带来一丝一毫的好处。

人们总是因为欲望得不到满足而烦恼，而眼前的欲望满足之后，又会生出新的欲望，如此循环往复，永无休止。

欲望太过强烈，心神就会受物欲蒙蔽，以致头脑昏聩而不明事理。相反，欲望淡泊便能使心情轻松，心情轻松就好像"月在青天影在波"。

人间最自在的生活，就是无欲的生活；人间最快乐的生活，也是无欲的生活。一个人之所以能够超然，能够无往而不乐，就在于能游于物外，而不受物欲的纠缠。

只有知道满足，才不会贪心；只有知道满足，才会得到永远的满足和幸福！这就是知足者常乐的真谛。

世界可以满足我们的需求，但无法满足我们的贪欲！我们的烦恼，大多来自我们的贪欲与不知足，放下贪欲，眼前自然清明！

210 结婚前眼睛睁圆，结婚后眼睛要半睁。

——（美国）富兰克林

为什么说"婚前要把眼睛睁得大大的，婚后只需睁一只眼、闭一只眼"？

在结婚前要充分了解对方，对另一方要多观察、多接触、多交流，打牢感情的基础，不能感情用事，拿婚姻当儿戏。一旦确定和对方结婚，夫妻之间要相互尊敬、相互包容，不能斤斤计较、小肚鸡肠、睚眦必报。我们要以一种理智、平和和包容的心态去处理夫妻关系。

任何事情都有它的模糊地带，婚姻也不例外，太较真了，只能使婚姻产生细小的裂缝。婚姻不是一朝一夕的事，天长日久，缝隙越来越大，以至于无法修补，后悔晚矣！

结婚是两相情愿、两情相悦的事情。为了婚姻长久，我们要学会包容，学会忍耐，学会相互信任。

211 一个人到了忘怀得失的时候，他实际上
已有所得。

——（印度）泰戈尔

何谓得，得就是拥有；何谓失，失就是失去。人生的经验告诉我们，拥有时，并不代表如意；失去后，也并不表示结束。要知道，有得必有失，有失必有得，人生就是这样一个得失相伴而生的过程。

得与失并非物质之间的等价交换，有时候你失去了有形的东西，却很难换回同样有形的东西，于是，有人为你的"失"大呼不值。其实真正的"得"在我们内心，只要你看到了"失"的真正内涵，其实你已经有所"得"了。

得失其实是一样的，得中有失，失中有得，所以一个人最高的境界应该是无得无失、忘怀得失。

如果我们能以一颗淡泊平静的心去看待世上的一切，得失不计，宠辱不惊，我们就会发现：在这个世间，水流是多么清澈，阳光是多么和煦，风景是多么迷人，人们是多么可爱，生活是多么美好，而我们的生命又是多么轻松与快乐！

212 财富就像海水，饮得越多，渴得越厉害；名望实际上也是如此。

——（德国）叔本华

财富就像海水，饮得越多，渴得越厉害。

人的欲望是无止境的，贪得无厌的人其实是在愚弄自己。一个人，如果被无止境的贪婪占据了心灵，那么他的快乐人生也会被贪婪悄悄地偷走。

其实，人的需求是很低的，远远低于人的欲望。你的房子再多再大，你也只能在一间屋子里、一张床上睡觉；把世界上所有的山珍海味都摆在你的桌子上，你也只能吃下你胃那么大小的东西；你的衣柜里挂满了各式各样的高档名牌时装，你也只能穿一套在身上；你的鞋子有无数双，你也只能穿一双在脚上；你的汽车有无数辆，你也只能开着一辆在街上跑……

可是，人们追求物质享受的那种无穷尽的欲望，有时却使人们的财富变成一种累赘。

为名利而奔波，被利益所驱使，让我们疲惫不已。

生命之舟载不动太多的贪婪和虚荣，只有放下心中那块欲望之石，放下哀怨与愁思，我们的心灵才能重新恢复明净，我们才能活得轻松潇洒！

213 不良的习惯会随时阻碍你走向成名、获利和享乐的路上去。

——（英国）莎士比亚

惯性的思维模式和生活方式，是人生的一种无形枷锁。每个人都有各种各样的习惯，习惯每时每刻都在影响着我们的生活。许多人之所以终生碌碌无为，与成功无缘，就是因为他们养成了许多不良习惯。这些坏习惯像一堵墙，把他们与成功无情地隔开。

在成功者与失败者之间，正是这些习惯让他们各自走上了不同的命运之路。有的人原本并不突出，然而当他们改掉了自身的坏习惯，培养出良好的习惯后，他们取得了巨大的成功；有的人原本非常优秀，然而当他们染上了不良的坏习惯后，便阻碍了他们走向成名、成功的路。

好的习惯，对每个人来说都是有益的，好习惯还会改变一个人的一生；坏的习惯，对每个人来说都是没有益处的，有时一个坏习惯可能会毁了一个人的一生。

习惯的养成是从一点一滴的小事开始的，而且一旦养成就不容易发生改变。习惯如同一棵不断生长的树，根基越雄厚，就越难以撼动。所以我们要尽量早点改掉一些坏习惯，不要等它们长成参天大树令人恐惧时才想到去除掉它，那时候要付出的代价会大得多。

214 人无远虑，必有近忧。

——（中国）孔子

英特尔总裁葛洛夫说过："惶者生存。"而我们的祖先也早有遗训："人无远虑，必有近忧。"

此话告诉我们，要考虑得长远一些，对将要和可能出现的问题做好心理准备或采取一定的预防措施。唯有如此，在将来遇到问题时，我们就不会慌乱，我们就能很轻松地对待。

人生的每一步都是一个选择题，每一个选项都通向不同的道路，一步走错，就有可能陷入歧途。因此，面对人生这条路，不可只为了眼前的小利而过分执着，需要有大眼光、大智慧，看得长远。未雨绸缪，自然会一生顺利，有所成就。

鹰击长空，虽然要经受风雨的摧残，却可以看尽天下万物，将世界揽入胸怀；而井底之蛙尽管无忧，但一生囿于方寸之地，心灵和眼界一样狭窄。

"人无远虑，必有近忧"，此句充满了先人的智慧，告诫我们要未雨绸缪，不要老看眼前的事物，而忘却了人之所以积极奋斗的远景期待。

215 幸福不过是欲望的暂时停止。

——（德国）叔本华

　　人生一世，草木一秋，能够幸福地活一生，是每个人心中的梦想。但是怎样才能求得幸福呢？那就是要清醒地知道幸福之道的根本在我们自己。

　　当你拥有了一颗善于发现美好、快乐和幸福的心时，你就拥有了一双在纷乱的世界中找到幸福的眼睛，你就会是一个幸福的人。

　　仔细想想，也许我们根本不需要那么多。我们已经拥有了简单的幸福和快乐，难道这还不够吗？盲目追求幸福的结果，只会让我们离幸福越来越远。当我们用心去度过生命中的每一天，才会发现原来幸福就在我们身边。

　　我们要以清醒的心态、从容的步履走过人生的岁月，不要让贪婪填满我们的心田。要知道我们终生劳苦而获得的财富和我们所能享受到的世俗的欢乐都只是过眼云烟，只有无欲的心才能给我们以安慰。我们可以允许财富进入我们的屋内，但永远不要让它主宰我们的心灵。

216 不贪财是一种财富。

——（古罗马）西塞罗

拥有金钱是为了活着，但活着却不仅仅是为了金钱；那种利欲熏心的人生是可悲的人生，毫无价值的人生，没有意义的人生。

人应该学会顺其自然、平淡地看待金钱，得之无喜色，失之无悔色。什么都想得到的人，结果可能什么都得不到。一个平淡对待自己生活的人，却可能会意外地得到惊喜。

不贪婪就不会有太多坎坷，无论是喜欢一样东西也好，喜欢一个位置也罢，与其让自己负累，不如轻松地去面对、去欣赏。

要知道，在我们的生命之中，还有许多比金钱更重要的东西。比如做自己喜欢的事情，并且从中感觉到幸福和满足。就是这些看起来微不足道的事情，却是多少金钱都买不到的财富。

如果你想做一个快乐的人、一个无忧无虑的人，一定要记住：不要让自己变成金钱的奴隶，因为当金钱完全变成你努力奋斗的目标时，你就很难体会到生活带给你的乐趣。

人生苦短，载不动太多的物欲和虚荣。生活源于平淡，归于平淡，而其中的热烈渴望或者痛心的失望其实是心灵的失落和迷茫。

217 超过限度的欲望是痛苦的根源。

——（印度）克里希那穆提

也许你从未想过什么是痛苦，它为什么存在着，根源又是什么。

衣食住行不能使我们满足，我们的欲望越来越多、越来越大。从想要被尊重、被爱、被看得起，到想要成功。贪婪是幸福的天敌，要想真正获得幸福，就要学会淡定，学会知足。人活着，其实就是一种心态，你若觉得快乐，幸福无处不在；你为自己悲鸣，世界必将灰暗。

只要心态未改变，欲望会一直存在，并且会一次次卷土重来，一旦得不到就会让我们变得异常痛苦。

幸福不是得到得多，而是计较得少。当我们认识到这一点之后，学着平衡财富、权力、职位堆砌出来的自我，放下执着的心，重新审视你的内心世界，你会发现许多以前所没有发现的东西。

减少欲望，增加满足感，才能从贪婪中解脱出来；舍得放弃，甘于淡泊，才能获得心灵的安宁。

克里希那穆提（1895—1986）：印度哲学家，20 世纪最卓越、最伟大的心灵导师，被誉为"慈悲和智慧化身的人类导师"。

218 生命的价值不在于活多少天，而在于如何使用这些日子。

——（法国）蒙田

每个人的人生都各不相同，每个人都有不同的人生经历。有的人轰轰烈烈，事业有成；有的人一生无所作为，庸庸碌碌；有的人苟且偷生，身背骂名；有的人献身正义，虽死犹生……

生命之于我们每个人只有一次。我们无法乞求更长久的生命，但是我们可以拥有更多彩的生活，更充实的人生旅程。

我们可以在这个过程中，遇到不同的人，感受不同的生命，幻想不同的故事，羡慕不同的经历，挖掘不同的人生，更多地去体验生命中的悲喜，让我们的日子更有分量。

事实上，有些人虽然活得长寿，但真正好好活着的时间却是那么短暂，因为时间绝不是最重要的因素。把一块画布画得满满的，它不一定会是一幅好看的画。同样，活着的岁月很长也不一定能活得很有价值。所以，关键不在于活了多久，而在于如何享受这些活着的日子！

219 人终极地关怀着那么一种东西，它超越了人的一切初级的必然和偶然，决定着人终极的命运。

——（美国）蒂里希

"如果你一直觉得不满，那么即使你拥有了整个世界，也会觉得伤心。"不满来自人无休止的欲望。欲望是人的本性，是人前进的动力，是人生活的方向。但是千万别忘了，欲望同时也是一把双刃剑，一半是天使，一半是恶魔。

对于我们来说，有些欲望是有益的，有些欲望则是无益的；有些欲望是必需的，有些纯属为了满足虚荣心；有些欲望是幸福之所需，有些是身体安康之所需，而另一些只是为了维持生计……

欲望太多了，人生就变得疲惫不堪了，每个人都应该学会轻载，因为生命之舟载不动太多的沉重。

请记住：即使我们拥有整个世界，我们一日也只能吃三餐，一晚也只能睡一张床。所以，我们要学会控制欲望，不为外物所沾染，活出一种自在、一种清净、一种完满！

知非便舍，远离一切干扰，才能拥有安详、和谐的心灵！

蒂里希（1886—1965）：德裔美籍，20世纪西方著名的神学家和哲学家。

220 人生如同道路，最近的捷径通常是最坏的路。

——（英国）培根

人生之路，没有捷径可走。

瑞典政治家哈马舍尔德说："我们无从选择命运的框架，但我们放进去的东西却是我们自己的。"

人不能选择命运，却可以选择怎样走自己的生命之路。你选择平坦的道路，你的脚印不会印在上面；你选择泥泞的道路，你的脚印才会印在上面。

那些一生碌碌无为的人，不经风不沐雨，没有起也没有伏，就像一双脚踩在又平坦又坚硬的大路上，脚步抬起，什么也没有留下；而那些经风沐雨的人，他们在苦难中跋涉不停，就像一双脚行走在泥泞里，他们走远了，但脚印却印证着他们行走的价值。

人生路上，不要害怕困难与挫折，不要害怕泥泞与艰难，因为人生本来就需要风雨来洗礼，因为泥泞的路才能留下脚印。

不要害怕挫败，因为挫败之后紧跟的就是成功，因为"逆境不久，强者必胜"！

221 放纵自己的欲望是最大的祸害。

——（古希腊）亚里士多德

人之所以不快乐，一个重要的原因就是不知足。人之所以不知足，是因为人的欲望在作怪。欲望的火苗一旦燃烧起来就很难压灭，而且会越来越大，往往会将人烧死。

人生的痛苦乃是因欲望而来的，与欲望相违，或是欲望不满足，便耿耿于怀，浑身不自在。所谓"有求皆苦，无欲则刚"，这世上有几个人能不为自己的贪求和物欲而掉入冲不破的牢笼呢？

欲望是永无止境的。正所谓：得陇望蜀，得一望二，贪得无厌。人的欲望总是在不知不觉中滋长着，自己不会有所体会，只有身旁的人才知道。当欲望增长到一定程度的时候，无形中变成了"杀人"的工具，既伤害了别人，也害了自己。

蠢蠢的欲望折腾得你总想找到一个出口，然而却不断地迷路。只有放下欲望，才能找到正确的路。

从客观上来说，一个人的需求越少，他越不容易被名利的绳子勒住脖子，于是他就能更自由地思想和行动，他就更容易获得平静的快乐。同样，欲望越少，你的压力越小，因为我们想得到的东西永远比能得到的东西多。你想得到的东西越多，与现实的差距越大，缺憾也会越大；相反，想得到的东西越少，缺憾越少。

欲望是一把双刃剑，它让人类生存，也能让人类毁灭，区别在于你是节制欲望还是放纵欲望。过度节制不好，过度放纵比过度节制更坏。对欲望的滥用，会使人类迷茫疯狂，背离欲望的本原，使欲望变成引诱人犯罪的魔鬼，病入膏肓而不自知，最终干扰人类正常的生活秩序，使欲望走向生存的反面。

222 挥霍无度的人，等于将自己的前途
抵押了出去。

——（美国）富兰克林

金钱永远不与滥用它的人为伍，却善待将它使用得当的人。生活中，一个善于运用钱财的人，一定不会愁没有钱做事，而且他还懂得用很少的钱做很多的事。而当一个曾经成功的人把挥霍当做一种行为习惯的时候，那么他离毁灭就不远了。

学会合理使用金钱，金钱就会为你带来意想不到的价值。

金钱是创造美好幸福生活的工具。只有你真正地理解了关于金钱的正确观念，才会积极地以一颗平常心去看待金钱。

适量和适用的财富就像调味用的盐，可以让你品尝到生活的轻松和美好，让你的身体舒适、心灵舒展！

223 知足像是自然赋予的财富，
奢求如自己制造了贫穷。

——（古希腊）苏格拉底

唯有知足常乐，才能获得心灵的安宁。也许，你会说这是一种消极的人生态度；也许，你认为真正的勇者是永不满足，不断前进的；也许，更有甚者，你认为在这其中更毫无乐趣可言。然而要知道，知足，看淡世间功利，才能换来逍遥游之畅快。

知足，并不是说要安于现状，没有追求，没有目标；而是说要懂得取舍，懂得放弃，懂得适可而止。向往本身不是坏事，但向往太多，而自己的能力又不能达到，就会构成长久的失望与不满。

人生短短几十年，重要的不是你博得多少掌声和艳羡的眼光，而是你得到了一种心情和做人的乐趣。自满自大的人不一定快乐，所以还是做个知足的人为好。

人，只有从内心告诫自己，要知足，不困于名缰，不缚于利索，以平常心、宁静心面对周围的一切，真诚、善良地为人、处世，才能赢得人生的至乐！

224 谁不知足，谁就不会幸福，即使他是世界主宰也不例外。

——（古希腊）伊壁鸠鲁

很多人从来没有满足的时候，总希望自己拥有得再多一些。要知道，一个永不知足的人是无法感受到生活的乐趣的，即使他拥有一切，拥有全世界。

只有对现有的一切感到满足，才会活得洒脱、快乐，幸福也在其中。

在幸福的人眼里，一切过分的纷争和索取都显得多余，在他们的天平上，没有比知足更容易求得心理平衡了。幸福感是一种心满意足的状态，根植于人的需求对象的土壤里。

正如一位哲人所说，对幸福的感受，完全出于对幸福的认知，我们可以想出天堂，也可以想出地狱。每个人对幸福的理解不同，幸福的感觉要自己用心去体会与理解。

幸福不是拥有多少财富，幸福也不是拥有多少名利。幸福是一种心态、一种自我感受，幸福是心灵深处的满足。

225 健康的身体是灵魂的客厅，
  病弱的身体是灵魂的监狱。

——（英国）培根

"在一切幸福中，人的健康胜过其他幸福。我们可以说一个身体健康的乞丐要比疾病缠身的国王幸福得多。"

人们常说："健康不是一切，但没有了健康，也就没有了一切。"一个人如果失去了健康，则生活索然、效率锐减，生命变得黑暗愁惨，对一切失去兴趣和热忱。

只有愚昧的人才会为了其他的幸福牺牲健康。不管其他幸福是功、名、利、禄、学识，还是过眼烟云似的感官享受，世间没有任何事比健康更重要了。

没有健康的身心一切无从谈起，也无法实现。没有健康，便失去了快乐。人世间有许许多多的道理，在这些道理中，真正的硬道理只有一个，那就是人的健康和生命。

能够拥有一副健全的身体、饱满的精神，真是一种快乐、一种幸福！健康，是我们一生的资本，你如果珍爱生活，那么你就一定珍爱健康。

健康，只能靠我们自己去维护。